跨越高栏的奇招

KUA YUE GAO LAN DE QI ZHAO

——越通胀越理财

秦义虎、贺福珍 著

SPM
南方出版传媒
广东经济出版社
·广州·

图书在版编目（CIP）数据

跨越高栏的奇招：越通胀越理财/秦义虎，贺福珍著. —广州：广东经济出版社，2016.5

ISBN 978-7-5454-4544-2

Ⅰ.①跨… Ⅱ.①秦…②贺… Ⅲ.①财务管理-通俗读物 Ⅳ.①TS976.15—49

中国版本图书馆 CIP 数据核字（2016）第 094244 号

出 版 人：姚丹林
责任编辑：萧广华
责任技编：许伟斌
封面设计：李桢涛

出版发行	广东经济出版社（广州市环市东路水荫路11号11~12楼）
经销	全国新华书店
印刷	茂名市永达印刷有限公司（茂名市计星路144号）
开本	730毫米×1020毫米 1/16
印张	13 1插页
字数	157 000字
版次	2016年5月第1版
印次	2016年5月第1次
书号	ISBN 978-7-5454-4544-2
定价	32.00元

如发现印装质量问题，影响阅读，请与承印厂联系调换。
发行部地址：广州市环市东路水荫路11号11楼
电话：（020）38306055 37601950 邮政编码：510075
邮购地址：广州市环市东路水荫路11号11楼
电话：（020）37601950 营销网址：**http://www.gebook.com**
广东经济出版社新浪官方微博：**http://e.weibo.com/gebook**
广东经济出版社常年法律顾问：何剑桥律师
·版权所有 翻印必究·

出版前言

由于2009年经济的快速回升以及充沛的流动性释放，通货膨胀悄然而至，国家统计局2009年12月11日公布，11月居民消费价格同比上涨0.6%，出现10个月来的首次上升，紧接着随后的三个月也连续上涨。作为通货膨胀的主要衡量指标之一，CPI的不断上涨，对于通胀预期的上升有着直接推动作用，物价上涨预期更趋强烈。近几个月来的物价上调也凸显这一点：水价、电价、菜价、肉价，甚至包括食用油价，涨声一片。通货膨胀，似乎将成为2010年的“代名词”。在日益强烈的通胀预期下，越来越多的老百姓开始制定以“抗通胀”为目标的理财计划，那么，究竟应该怎样实现财富的保值增值呢？是存银行还是买外汇，是买房子还是买黄金呢？不管通胀离我们有多远，民间的财富保卫战似乎已经打响。

其实，“管好钱”比挣钱更需要智慧。股市火了，炒股就是“抗通胀”吗？基金火了，“买基”就是好的理财手段吗？房价涨了，囤房能大赚一笔吗？无论是在公车上，还是在咖啡厅，我们常常听到一些人激动地谈论昨天谁买了股票、今天谁买了基金、后天谁又要购房了，似乎只要投钱，就能身价倍增。一窝蜂地开户炒股，一窝蜂地爆炒黄金，一窝蜂

地组团炒房，视乎理财抗通胀如天上掉馅饼一样容易，好像自己不参与一把就会失去以后的机会。现在国内的投资理财渠道已日益多元化，股票、基金、黄金、保险、艺术品等不一而足，面对乱象纷呈的中国经济及各种复杂的理财工具，我们需要的不是迷茫和困惑，而是迎接通货膨胀的工具和信心。

本书以全新的视角、理性的文字分析了未来我们可能面临的通货膨胀及财富保值增值之道。俗话说：吃不穷，穿不穷，不会理财就受穷。本书结合我们普通百姓的生活特点，详细讲解了规避通货膨胀的各种理财手段和技巧。同时，书中附上了一些投资大师的理财经典案例，并针对中国普通家庭，我们设置了多种不同的理财方案，以便读者从中以管窥豹。希望读者可以从书中更好地认识通货膨胀并得到更多对抗通胀的启发，从而使自己能够更加从容应对通货膨胀，实现财富的持续增长之道。

越通胀，越理财，让我们翻开这本书，迎战通胀，开始理财。

Contents 目录

第一篇 逃不掉的通货膨胀

第二篇　通货膨胀中我们怎么办

第三篇 保卫你的财富

第四篇　少数人的投资游戏

第一篇

逃不掉的通货膨胀

第一章　透过现象看通胀

一、都说人民币升值了，为什么我们的钱却变薄了

近几年，我们常常听说人民币升值了，好像我们中国人的钱更值钱了。然而，我们平头老百姓似乎并没有感觉自己的钱袋子鼓了，相反，我们买东西的时候总是叹息钱不经花了。房子涨价了，猪肉涨价了，水果涨价了……电视、报纸都说人民币升值了，可我们的钱却变薄了，这到底是怎么回事？

人民币对外升值，对内贬值

好心的经济学家会告诉我们，人民币升值是和外国货币相比的。也就是说，如果我们拿相同的钱去买国外的商品的话，可以买到更多的商品。举个例子，张三现在有 50 元钱，他想尝尝进口的美国苹果是什么滋味，假设美国苹果是 1 美元一斤，人民币汇率是 1 美元可以换 10 元人民币，那么，张三的 50 元钱只能换 5 美元，买 5 斤苹果，张三可能会认为美国的苹果太贵，干脆不买了。现在好了，人民币升值了，汇

率变成1美元换5元人民币，张三肯定乐坏了，因为现在的50元钱就能换10美元了，同样的50元钱却能买10斤苹果，张三可能就觉得美国苹果便宜了，这样的便宜事张三是不会错过的，于是张三切身体会到了人民币升值的好处。这样我们就明白了，同样的50元钱买了更多的美国苹果，也就是说这50元钱更值钱了。这个例子告诉我们，金钱的魔力是很大的，同样的50元钱转眼间就可以多买5斤苹果。大家不要以为这个例子仅仅是个虚拟的例子而已，其实，1994年前后，这样的情况在中国不但存在而且很常见，当时，企业外汇存款多，而官方外汇储备不足（也就是国家外汇，现在多得头疼）。当时外汇的市场价格和官方价格差距甚大，当时官方汇率是固定汇率制，美元兑人民币的官方汇价是1∶5.7，而外汇市场的价格则一度达到1∶10，甚至更高。当然，因为现在汇率制度并轨，这种情况就不会存在了。

可能细心的读者已经注意到了存在的问题，我们普通老百姓都生活在国内，富裕点的人可能会因为出国旅游或者由于孩子出国上学能感受到人民币升值的魅力，而我们大部分人注定不能感受到这种好处，或者说不能直接地感受到这种好处。当然，这点好处赶不上就算了，至少别让我们的钱变薄就行了，可是生活的经验告诉我们钱到底还是变薄了，这是人民币贬值了吗？当然不是。既然人民币升值的好处我们赶不上，那么，没有理由让我们赶上坏处。其实这样的理解很正确，对我们老百姓来说，市场上菜的价格变动的影响远大于外汇市场汇率的变动。

说到这里，我们就不难理解电视、报纸上面所说的人民币升值和日常生活中我们所说的升值不是一个意思。电视上所说的升值是相对于外汇而言的，我们所说的升值是相对于

日常购物而言的。那么，究竟是什么原因导致人民币一方面对外升值，在国际市场上的购买力不断增强；另一方面却在国内市场上的购买力日趋下降，出现了所谓的对内贬值呢？我们都知道，人民币汇率体现的是人民币的对外比价关系，而国内物价水平上升和资产价格上涨则是体现了人民币对国内商品的比价关系。所以，“对内贬值”也就是意味着人民币在国内“不值钱”了。

分析2007年以来的新一轮物价上涨，既有国际因素，也有国内因素；既有需求拉动，也有成本推动。从国际因素看，为缓解次贷危机的不利影响，美联储连续大幅降息，结果是美元迅速贬值，并导致国际市场上以美元计价的大宗商品价格蹿升，从而对中国构成输入型通胀压力。所谓输入型通胀，是指由于国外商品或生产要素价格上涨，引起国内物价的持续上涨现象。输入型通货膨胀与开放经济有密切的关系，开放的程度越大，发生的概率越大。我国加入WTO以来经济开放程度逐步加大，因此外国商品的涨价不可避免地冲击到了中国。例如，当国际市场上石油价格上涨时，中石油和中石化进口石油的成本就会上升，因此国内石油也跟着涨价，这样就会带动国内商品的涨价，通货膨胀压力增大。

从国内因素看，物价上涨既有需求拉动的作用，又有成本推动的作用，但总体来看，成本推动居主导地位。一个很明显的证据是非贸易品价格上涨加速。因为非贸易品是国内订价，直接受要素成本的影响，其价格迅速攀升充分说明中国目前的价格上涨主要是要素成本推动型的。要素成本推动型的物价上涨，其推动力主要来自于生产资料价格和劳动力价格的上涨。理论上讲，上游投入品价格上升一定会在一段时间后传导到最终消费品价格上，对通货膨胀产生成本推动

的压力。另外，国内工资水平的上涨对物价上涨也有一定的推动作用。近几年，我国经济持续快速高增长，劳动生产率提升大大高于GDP增长，工资呈上升趋势是必然的。就人民币对内贬值的重点来说，目前国内物价水平上涨主要是针对食品而言，这其中存在一个结构性的问题。比如在2007年CPI上涨的4.8个百分点中，食品价格的贡献就占了4.0个百分点。CPI上涨的主要动力仍然是食品价格，食品涨价对CPI增长的贡献达到80%以上。当然，除了结构性问题之外，国内物价水平上升和资产价格上涨所造成的人民币对内贬值也有其客观必然性。

总之，人民币对内贬值作为一种货币现象，与国内货币供应量增加有着密切的关系。一是国际收支失衡和外汇储备激增导致货币供应量增长被动加速。随着我国外汇储备规模的不断增加，为了维持人民币汇率的相对稳定，人民银行被迫通过各种手段回收市场上过多的外汇，回收这些外汇之后，人民银行就需要释放等价的人民币到日常生活中，这样就增加了流通中人民币的数量，增加了通货膨胀的压力。二是随着人民币升值速度加快，升值的预期以及预期的不断实现导致国际资本快速流入，货币供应量被动增长，从而在很大程度上推动物价上涨。三是信贷膨胀导致货币供应量增加。例如，2008年年末，我国为了应对金融危机制订了4万亿元的投资计划，这也使流通中的货币进一步增加。在经济快速增长的条件下，扩张的信贷规模变成消费和投资需求，进而推动了价格水平上涨。而CPI上涨的关键问题就是商品的价格问题，因为国内的商品变贵了。这个我们很好理解，也就是说，当我们老百姓的钱一定时，要买的东西越贵，我们的钱就越不值钱。

通货膨胀的魔力

无论是货币的价格还是商品的价格都离不开一个“钱”字。从前面张三的例子中我们认识了钱的魔力，在商品价格中钱也拥有同样的魔力，而且，这个魔力是包括张三在内的每个普通老百姓都能感受到的，我们的钱之所以变薄和这个魔力密切相关。

这个魔力就是通货膨胀。“1937 年国民党政府发行的法币，当时 100 元可买到两头牛，1938 年变为一头牛，1939 年可买一头猪，1941 年能买到一袋面粉，1943 年只能买到一只鸡，1945 年只能买到一个煤球，到 1948 年只能买到几粒大米。”这是我们的历史课本中描述国民党政府时期我国的经济状况的文字。如此看来，通货膨胀确实是够厉害，一个勤俭节约的老百姓辛辛苦苦挣来的两头牛钱，如果要是硬攒着给儿子娶媳妇的话，十年后无论如何也想不通两头牛去哪里了。那么，通货膨胀是何怪物，竟有如此魔力？

通货膨胀，在经济学文献中大多定义为：通货膨胀是指流通中货币量超过实际需要量所引起的货币贬值、物价上涨的经济现象。这还算简单点的定义，复杂的定义估计能写一篇硕士论文了。其实，用老百姓的话说就是“钱不值钱了”。当然，我们也要严格、准确地把握通货膨胀的特征，不能一看到钱不值钱了就大呼“通货膨胀来了”。我们要清楚通胀有两点是要把握的，即一般物价水平有相当幅度上涨及持续一定时期。我们不能因为早晨去逛菜市场，看见黄瓜涨了一毛钱就说是通货膨胀了；也不能因为这一年中，只有黄瓜涨价了就说是通货膨胀了。通货膨胀是具有全社会代表性的商品在一定时间内持续涨价而造成的，至于什么是代表性的商品，

世界上各个国家的标准不一致，持续的时间应该为多久也没有严格限制，一般认为是三个季度。“钱不值钱”只是我们对通货膨胀最直接的表述。

钱为什么会不值钱了？两头牛的钱放在那里没动，十年后怎么就变成几粒大米的钱了呢？还是让我们通过一个例子来揭穿这个魔术。什么叫“钱不值钱”？我们先要弄清楚钱是什么。可能有人会认为这很简单，但就是这个简单的问题难倒了无数经济学家和政府官员。大家都知道古代用的钱是金银铜，而现在变成纸币了，这是为什么呢？因为随着社会经济的快速发展，金银这些金属的开采已经不能跟上人们生活进步的节奏了，而且金银携带起来很不方便，这时人们就认识到，钱在商品交换过程中只起到中介作用，只是在人们之间互相流通，于是，人们就想出了一个好方法，让国家作担保，发行一种代表钱的符号出来，就是现在的纸币。这样既缓和了金银这些金属不足的矛盾，又提高了交换的效率。不过，这时又出现了一个问题。譬如说，我有 100 两黄金，可以换 100 头牛，政府只要发行 100 元纸币就行了，这样一元钱就可以当一两黄金用，照样可以换一头牛。当然，如果国家的财富只有 100 头牛就好算了，问题是，一个国家的财富到底有多少，谁也不知道，而且纸币发行成本很小，大家都清楚那是纸，只要开足印钞机要多少都能印。这样本来值 100 头牛的纸币被印成 200 元，算下来，每头牛就成 2 元钱了，这就像变魔术一样，本来可以买 2 头牛的钱现在只能买 1 头了。这就出现了“钱不值钱”的问题，也就是出现了通货膨胀。

细心的人可能已经注意到了，牛还是那些牛，变的仅仅是钱的多少，是钱在人们之间的重新分配。通过这个过程大

家还能看到一个有趣的现象：政府只需要开动印钞机就拿走了50头牛。本来1头牛值1元钱，政府通过开足印钞机制造通货膨胀，把牛变成2元钱1头，而此时，政府通过多印的100元纸币就能买到50头牛。在现实中，政府的钱可以买的牛可能超过50头，因为他可以把这100元钱慢慢地花掉，当他第一次买牛的时候，当时牛还是1元钱，后来他可以用1头牛换回2元、4元……按照这个逻辑，政府只要开足印钞机，想拿多少牛都行，这也是国民党政府溃败之前疯狂敛财的手段。

二、变幻莫测的CPI与猪肉涨价

2007—2008年，猪肉价格的疯长让老百姓彻底明白了什么是CPI，什么是通货膨胀。猪肉价格带动了CPI，CPI意味着通货膨胀，所以，猪肉涨价作为通货膨胀的一个生动画面，深刻印在老百姓的脑海中了。那么，我们要问：CPI和通货膨胀是什么关系？CPI是如何计算出来的？它和猪肉的联系为何如此紧密？

消费者物价指数（CPI）和通货膨胀到底是什么关系？消费者物价指数（CPI）是根据与居民生活密切相关的产品的价格以及日常必需的劳务价格统计出来的物价变动指标，通常作为观察通货膨胀水平的重要指标。对于普通老百姓来说，这个指标就是衡量自己挣的钱相对于日常花销缩了多少水。CPI增加或降低的百分比是用来衡量一个国家或地区通货膨胀水平的重要指标。CPI虽然比实际通货膨胀滞后了一些，因为从数据统计到经济变化都有一定的时滞因素，但是很多国家还是直接用它来衡量国家的通货膨胀现状。国际上

普遍认为，如果一个国家的CPI涨幅达到3%，那么这个国家就已经步入了通货膨胀的行列了。如果CPI的涨幅超过了5%，也就意味着这个国家的通货膨胀已经相当严重了。

那么，中国的CPI又是怎么计算出来的呢？下面我们来举例说明。国家统计局在计算消费物价指数和通货膨胀率时，要使用消费者所购买的成千上万种商品和劳务的价格数据。这成千上万种商品和劳务通常被称为一篮子商品，就像我们以前挎着篮子买商品一样，我们买到的东西就放在篮子里。不过为了容易说明，我们可以简单地考虑消费者只购买两种商品——馒头和猪肉。我们首先要确定哪些商品对普通老百姓是最重要的，如果普通老百姓买的馒头比猪肉多，那么我们就认为馒头的价格比猪肉的价格更重要，这反映了老百姓对这两种商品的依赖程度。因此，我们在衡量生活费用时就应该加大馒头的影响因素，统计局通过消费者调查并找出普通老百姓购买的商品与劳务的组合来确定这些影响因素，最后用数学方式确定它们的影响权重。

CPI就是这样计算出来的，用一篮子商品和劳务的价格除以某一选定年份（基年）一篮子商品的价格，再乘以100%。举例来说，我们可以用2005年作为基年，那么，2005年的消费物价指数就是一个标准，为了方便计算我们把它定为100，如果到2008年这个指数是170，到2009年是200，这也就是说2005年（基年）价值100元的一篮子商品在2008年是170元，在2009年是200元。那么我们就可以说，2008年的物价水平是基年的170%，2009年的物价水平是基年的200%。通货膨胀率是通过消费物价指数计算出来的，其公式是：用第二年的CPI减去第一年的CPI后，除以第一年的CPI，再乘以100%。

除此之外，我们还要说明的一点是，中国计算的 CPI 其实是一个缩水了的 CPI。例如，报纸报道 2007 年 9 月的 CPI 比 2006 年同期增加了 6.2%，对于中国老百姓来讲，钱不耐花的感觉实际上应该比 6.2% 还要高。为什么呢？原因是中国 CPI 的统计没有把一些重要的消费项目包括进去（各个国家的统计口径不一样）。例如，“衣食住行”中的“住”应该是很重要的一个消费因素，但是，住房的因素在国家统计局计算 CPI 时却没有被放进去。而我们知道，中国的住房在过去这么多年来，基本上都是以不低于 8% 这样的比率在往上涨。也就是说，如果中国的 CPI 把住房因素考虑进去的话，2007 年 9 月的增长很可能超过 6.2%。

下面我们来考虑 CPI 和猪肉的价格关系。通过上面的讲解我们已经知道了不同的商品对 CPI 的影响程度是不同的，在我国的 CPI 计算中，粮食所占的比重很大，约为 1/3。从以往的历史数据来看，食品往往是各因素中对 CPI 影响最大的。例如，2007 年中期以来的 CPI 价格指数上涨，80% 以上是由食品涨价完成的。资料显示，历次严重的通胀都与粮食价格密切相关。改革开放以来，特别著名的通货膨胀有三次：1985 年、1988 年和 1993 年。这三次较为严重的通货膨胀都是因粮价飞快上涨诱发的，而 2008 年的大通胀也是因粮价上涨迅猛所造成的。在食品大类中，猪肉的权重约为 10%，但由于猪肉价格波动最大，因此对 CPI 的影响也就较大。了解了这一点就明白了为什么猪肉价格的波动对 CPI 影响如此之大，这也从侧面反映了猪肉是老百姓生活中的必需品之一。2008 年上半年，当全国的猪肉从 5.6 元上涨到 13 元，老百姓的生活压力骤然增加也就很容易理解了。

三、抢购风潮

银行门口排长队、老百姓家里堆食盐、商店里面没商品，这就是1988年下半年抢购风潮中出现的怪现象。根据国家统计局统计，1988年7月物价上涨幅度为19.3%，这是改革开放以来的最高纪录。在那个物资极度匮乏的时期，习惯了“紧紧巴巴”过日子的老百姓马上就闻到了国家经济发展的不寻常气味：钱已经开始不值钱了，此时不出手更待何时。于是，大家排队到银行取钱，然后疯狂地购买商品往家里放，全国的物价如脱缰的野马，抢购风潮随即在全国蔓延。

在老百姓看来，通货膨胀时抢购商品是一百个理由也说不完的，是天经地义的事情。商品的涨价可能会引发短缺，多买些准备着总归是好事，比如食盐、大米等生活必需品，每天都得吃，一旦哪天断了顿，那可不是闹着玩的，饿着的感受大家都知道不好受。于是，在物价不断上涨的过程中，趁物价还未完全涨起来之际，抢先购买，还会省一笔钱，减少通货膨胀带来的损失。然而，无论从宏观还是从微观角度看，抢购都不是应付通货膨胀的明智办法。抢购就好像地震中大家都往门口跑，最终堆在一起一样，除了造成混乱与恐慌之外，百害而无一利，1988年的抢购潮已经是一个很好的证明。由于担心物价上涨过快，我们便提前行动，而且行动的速度并不比物价慢，绝大多数老百姓运气都很好，都或多或少地抢购了一些生活必需品。然而，人们担心商品脱销的事情根本就没有发生，好多商店还趁机把积压的商品销售一空，许多老百姓买到很多次品。抢购风潮过去之后，当人们静下心来才发现留在手上的是一堆根本就派不上用场的东西，

几乎所有参与抢购的人都感到后悔和尴尬。通货膨胀很容易使人们的头脑发热，作出不理智的选择。

全国性抢购风潮不可避免地带来通货膨胀，使整个社会的经济秩序陷入一片混乱之中。这样严峻的形势也会使广大民众的情绪严重不安，给老百姓的生活带来极大不便。老百姓收入本身就不高，要是看到早晨的白菜到晚上去买就贵了一半，老百姓就会把心思全放在担心自己的钱贬值上面了，哪还有心思工作。

其实，抢购的背后是老百姓对通货膨胀的恐惧。显然，通货膨胀的侵蚀力量是令人害怕的。举一个例子，以5%的通货膨胀率来计算，你的钞票在不到15年内，就会贬值一半，在随后的15年内，又会再少掉一半。通货膨胀如果是7%，只要经过21年，也就是从60岁退休，到81岁为止，你的钞票只相当于目前的1/4。这么小的通货膨胀率都有如此大魔力，更不用提1988年接近20%的通货膨胀率了，两三年内你的钱就所剩无几了。与其放在家里贬值，不如买些东西，至少日常必需品是必不可少的，贬值幅度也不大。这是造成抢购的主要原因。

四、人类将迎来史上最猛烈的一波通货膨胀吗

2007年8月开始的这轮金融危机给我们留下了深刻的印象，银行倒闭、股市暴跌、经济下滑……不过，值得庆幸的是最坏的时刻已经过去。金融市场动荡仍将不可避免，但是在证券市场暴跌、银行充实了自己的准备金之后，再次爆发国际性的金融危机的概率显然微乎其微了，金融体系濒于破产的状况估计也不会上演了。这轮金融危机的转折点是美联

储果断采取措施，推出扩张性的货币政策。这一政策使中央银行发挥了积极作用，解冻了信贷市场，为银行和房地产信贷公司的生存扩充了空间。

但是，伴随着金融海啸的退潮，广大投资者也改变了资金的风险意识，由谨慎行事变成争相入市，于是，恐慌开始消退，贪婪逐渐占据上风。资本市场逐步活跃，股票价格上升，银行趁机成功集资，加上各国政府宽松的货币政策支持，金融体制的系统性风险随之下降。然而，这些并不是金融危机的全过程。这场金融危机的复苏是建立在史无前例的全世界各国政府联手救市的基础之上的，是用扩张的货币政策创造了一个低利率的市场环境。如此多的市场流动性，在经济复苏之后，几乎不可避免地会带来通货膨胀。美国政府为拯救经济创造了巨额的财政赤字，美元和美国债券的命运一样遭受抛售。显然，抛售会引起美元贬值，带来所有以美元计价的商品升值。能源、农产品等大宗商品的价格大涨，将成为诱发全面通胀的催化剂。

货币数量扩张是这次各国中央银行对抗金融危机的特效药，央行直接干预，购买了大量的商业票据和债券，重新拉开了新一轮资金市场运作。同时，各国政府也通过各种行政手段干预经济，刺激经济复苏以免走向衰退。当然，中央银行面临着金融体系崩溃和经济衰退的严重局面时，他们并没有时间来考虑物价上涨这个后顾之忧，因为，当经济面临如此严重的衰退、金融系统遭到如此重创时，整个经济体系的链条和秩序受到极大挑战，政府首先应该考虑的是恢复经济秩序，所以他们全力动用各种手段刺激经济。然而，一旦通胀再起，中央银行势必腹背受敌：一方面需要稳定经济，刺激需求；另一方面又必须维持币值，将流动性推回到正常和

合理的水平。根据以往的经验，中央政府几乎不能化解这个矛盾。因此，高通胀局面不可避免地将会出现。不过，央行必须在经济衰退和流动性过剩两面悬崖之间的羊肠小道上摸黑前行。没有多少历史经验可资借鉴，也没有什么成熟的经济理论作为指导，各国央行目前似乎还没有一个令人信服的退出机制来抽干过剩的流动性。政治因素、市场因素干扰着决策者对政策的思考和判断，其失手的可能性颇大。

当然，对于我们普通老百姓来说，通货膨胀什么时候来才是最重要的。有人说我们已经度过了危机，也有人说我们只过了一半。但是无论如何，全球已经释放了太多的货币，钱太多了，这不可避免的通货膨胀到底什么时候会来呢？根据以往的货币政策经验，货币政策从实施到起作用需要 9～15 个月的时间，2008 年前后是货币政策集中实施的时候，也就是说到 2009 年前后货币政策开始起效，这完全符合全球经济运行的规律。2009 年开始，全球经济明显开始好转，这是货币政策见效的一个信号。但是，当货币政策的效果初见，各国中央银行却不能及时收回货币，这是因为经济还很脆弱，中央银行承受不了太大的回收压力。这样就造成流动性泛滥，全球通货膨胀再起，而且由于如此宽松的货币政策在人类历史上是少见的，因此，本轮通货膨胀也有可能会是历史上最猛烈的一波通货膨胀。这一通货膨胀的前景就像我们前面分析其定义所举的例子一样，是简单和容易理解的。

再来看看我国的情况。中国通胀因素的 40% 是输入型通胀，包括国外原材料价格垄断、政治因素等。因此，世界性的通货膨胀很有可能早就悄悄转化成了现实经济发展的一部分，这也会给外向型企业带来压力，部分外向型企业尤其是中小企业不得不选择收缩乃至关闭，并将抽出的资金用于购买房

地产等以保值。另一个方面，我国 4 万亿元的经济刺激计划带来了巨大的流动性，而绝大部分流向了大型国有企业。由于此前积累的过剩产能和不明确的经济走向使得实业投资前景叵测，于是，大量的资金流入股票市场或投资于房地产。

因此，2009 年股票和房地产市场的回暖，其实是经济发展前景普遍黯淡和通货膨胀预期共同作用的产物，这并不是整体经济向好的表现。而且，2009 年上半年我国又投放了巨额信贷，这更加深了通货膨胀的步伐，通货膨胀的预期已根植于人们心中。这可能仅仅是个开始，随着股票和房地产市场的回暖，将吸引举步维艰的中小企业的资金流入，而资金的流入，又会进一步推高股票和房地产市场。在这样的结构下面，高涨的投资和低迷的内需从来都是共生的，要保持经济的持续发展，是需要以外部需求为后盾的经济高速增长的，而在失去了这一前提之后的经济刺激计划和宽松的货币政策，就更像是一针兴奋剂，而非救命药，因为其作用不仅不是均匀地作用于经济体本身，更可能是加速资产的泡沫化。

由于时间的滞后性，通货膨胀尚未成为现实，于是，除了那些失业和在失业边缘的人群，普通老百姓并未察觉到上述矛盾现象的危险，也麻痹了普通老百姓对未来的不良预期，这就造成世界范围内人们对经济的所谓 V 形或者 U 形反转的乐观看法。但是，只要继续维持相对宽松的货币政策，通货膨胀就可能会由预期变为现实。由于大半的中国就业岗位来自于私营部门，而这一部门在目前并不可能提供持续的收入增长，那么，当通货膨胀终于来临时，将有无数的人感受到其中的痛苦，而如此痛苦所带来的效应，或许将超出经济之外，因为这波通货膨胀有可能是历史上最严重的一次，其影响范围可能远远超出我们的想象。

第二章　通货膨胀的N个理由

一、热钱在燃烧

金融市场的暗流

什么是热钱？所谓热钱、游资，是人们对国际套利资本的通俗说法，它们在国际间伺机寻找套利机会，只要哪里有利润，它们就钻向哪里。随着我国经济的持续快速增长，特别是房地产业的持续火暴、人民币升值的预期、股市的回暖，热钱正千方百计进入我国套利套汇，影响着我国的经济形势。热钱是造成全球金融市场动荡甚至金融危机的重要根源，无论是发生在1994年的墨西哥金融危机，还是1997年的东南亚金融危机，热钱都起到了推波助澜的作用。同时，“钱过剩”是通货膨胀的根源，特别是在当今国际环境下，国际资本的流动异常迅速，让人防不胜防，我们把这种在国际间流窜的海外短期资本称为热钱。同时，金融体系的流动性过剩也是导致资产价格，包括股市和楼市出现泡沫的其中一个主要因素，资产价格泡沫产生的财富效应同样会助长通货膨胀，而这又与热钱流入关系密切。热钱的涌入已成为通货膨胀不可轻视的因素。由于准确测算热钱的流入很困难，只能大致估计它的数量和途径，所以热钱的流动也被称为金融市场的暗流。那么，热钱是如何流入中国的？流入中国的热钱到底有多少呢？

我们总结热钱进入中国的渠道，可以概括为经常项目、资本项目和地下钱庄三大类。经常项目是指在国际收支中，以商品进出口为主的项目，该项目在国际收支中是经常发生的，所以被称为经常项目。资本项目主要是以国际间长、短期投资为主的项目，这两个项目是国际收支的主要组成部分。在资本项目下热钱可以通过两条合法途径进入中国，其中一条是直接投资。另外，国际热钱还可以通过 QFII 制度以间接投资方式把外汇转换成人民币资产。在经常项目下进入的热钱就等于是披着合法外衣的非法资本，只是为了掩盖金钱的真正用途，但是通过地下钱庄流入的热钱就好像偷渡一样，是完全非法进入境内的资本。中国虽然对资本项目管理很严，但是通过贸易账户和地下钱庄的热钱却很难控制，而且进入方式繁多，花样也不断翻新。由于我国当前资本项目管制较严，热钱的进出成本相对于其他新兴市场国家要高。这样一来，外贸企业与境外机构相勾结进行虚假贸易就成为目前热钱进入中国的最主要方式。境内外贸企业既有通过低报进口、高报出口的方式引入热钱，又有通过预收货款或延迟付款等方式将资金截流到国内，更有通过编制假合同来虚报贸易出口。当然，地下钱庄也是热钱流入的重要方式。

当热钱通过上述途径流入的时候，香港充当了重要的桥头堡。虽然香港也遭遇了百年一遇的金融危机，但香港经济的衰退程度大大低于 1997 年亚洲金融风暴时期，是全球经济率先复苏的地区之一。当然，其中一个重要原因是得益于美

国和中国内地的双重宽松货币政策，香港在中美宽松货币政策下左右逢源，加上香港又是自由港，资本项目开放，热钱出入自由。这些便利条件令热钱涌入香港，撑起股市、楼市，推动香港经济复苏。我们不能准确判断热钱的数量，但是根据经验，或许我们所了解的还仅仅是一个开始，随着热钱囤积香港的大幕拉开，更多的热钱可能正徘徊于中国内地门口。

为什么热钱会囤积香港，伺机流入国内呢？香港与中国内地相邻，不断发展的经济为两地之间更多的资本流动创造了有利条件。而与其他所有大国相比，中国内地当前的经济增长形势以及资本市场走势都是最具吸引力的。因此，香港其实更像短期国际资本流入中国内地的前站。根据当前的形势来看，原因有三：其一，香港的资本项目是完全开放的，热钱流进香港没有成本。其二，香港股市与内地股市具有密切联系，特别是有很多 A 股与 H 股溢价不同的两地上市股票，以及主业在内地的 H 股与红筹股。投资于香港股市也可以获得内地经济成长带来的收益。其三，如果热钱要通过各种渠道流入内地的话，那么香港将是首选之地。香港与广东邻近，使得地下钱庄十分发达，资金通过香港流入内地，不但方便快捷，而且成本很低。如果内地股市、楼市进一步上扬，如果来自欧美国家的压力使得人民币不断升值，那么将有更多的热钱借道香港流入内地。

我们先看看香港方面的情况。从 2009 年以来，香港经历了比内地更加汹涌的热钱流入。根据香港方面的最新数据，仅自 2009 年 7 月到 8 月中旬，流入香港的热钱就接近 1000 亿港元。这不可避免地造成了两大直接后果：一是截至 2009 年 8 月 7 日，香港银行体系总结余增至 2330 亿港元，而该数据的历史正常水平为 200 亿～300 亿港元；二是截至 2009 年

7月底，香港基础货币增至7710亿港元，与2008年同期相比，增速超过100%。换句话说，香港当前面临着严重的流动性过剩的问题，而这一问题将助推资产价格泡沫以及带来严峻的通货膨胀压力。

当然，内地因热钱流入也面临较大压力。根据中国人民银行2009年8月公布的统计数据显示，我国2009年第二季度外汇储备净增长1779亿美元。在国际收支平衡表中，贸易顺差仅能解释348亿美元，外商直接投资仅能解释212亿美元，而除此之外的上千亿美元的增长规模却缺乏合理解释，根据通常的算法，我们只能归结为国际金融市场的暗流，也即热钱流入。按照这个估计方法，仅仅在2009年第二季度，平均每天大概有13.5亿美元的热钱流入我国。另一种算法是这样的，2009年6月末，国家外汇储备余额为2.1316万亿美元，同比增长17.8%，其中第二季度外汇储备增加额度为1779亿美元。用外汇增加额减去第二季度348亿美元的贸易顺差和212亿美元的外商直接投资，有1219亿美元“来路不明”，有部分人认为这1219亿美元就是热钱。但是无论如何，这些数据告诉我们，热钱已经开始大量流入我国。

此外，热钱流入有一个规律：刚开始的时候总是试探性地流入，一旦感觉时机成熟，那么大规模的热钱就会蜂拥而至。如果这仅仅是热钱试探的话，一旦热钱在2009年下半年加速流入，那么中国资产市场将面临内外流动性夹击的局面，极有可能推高资产价格，制造泡沫，进一步推高我国通货膨胀率。热钱流入一直是中国经济潜在的危险因素，但是，对于货币政策来说，中央银行当前还不能转向，因为全球的经济状况还不明朗，走在荆棘密布的复苏之路上的中国，还没到真正收紧流动性的时候。中国如果反其道而行，不仅要冒

经济复苏可能逆转的风险，而且要承受人民币升值的巨大压力。若美国不收紧货币政策，而中国加息的话，人民币有升值压力，更多热钱会涌入，中国的资产价格泡沫会被吹得更大。

中国被烧伤？

大家应该还清楚地记得，2008 年 9 月，金融危机爆发之后，股票市场受到重挫，国际热钱迅速撤离中国，这大大加剧了中国股票市场的动荡。而今，中国经济开始复苏，股票市场也触底反弹一段时间，国际热钱再度卷土重来，屯兵香港，虎视内地，寻找再度获利的机会。《史记》上说："天下熙熙，皆为利来；天下攘攘，皆为利往。"热钱也不例外，也是为了追求增值。但是热钱的增值往往是以一部分人的损失为代价的，因此，热钱被看成一个东跑西窜的幽灵，所到之处，股市、楼市等资产类价格就会快速攀升，财富效应随之而来，同时大宗商品、生活用品等价格也会伴随上升，从而导致通货膨胀；热钱的升值目的实现之时往往也是金融风险加大之际，所以，稍有风吹草动，热钱就会快速撤离，寻找新的市场。经过一番折腾，热钱留给所经之地的是满目疮痍：股市、楼市泡沫破灭，大宗商品价格急转直下，使得大量后知后觉的跟随型及接盘型投资者被高位套牢，如同置身于严冬之中，而广大普通老百姓往往会深受通货膨胀之害。从历次金融危机的过程看，热钱最大的危害在于它会在推高资产价格，获得丰厚回报之后，突然大规模套利撤离，给金融市场带来震荡，上轮金融危机就是很好的例子。而伴随着中国经济的复苏，新的热钱流入是否会烧伤中国，这是我们十分关心的问题。

根据以往邻国的经验教训来看，热钱的最大危害不在于它的流入方式，而在于它的流入目的完成后的突然撤离，它的撤离速度是危害一国经济稳定性最重要的因素，我们以近邻的日本和越南为例来说明这个问题。20 世纪 80 年代，由于日本日益增强的综合国力引发了日元升值的单边预期，导致大量热钱纷纷涌入，与此同时，房价、股价也随之快速上涨。而当热钱撤出时，房价、股价就像过山车一样迅即跌入低谷，令日本经济陷入严重的危机之中，日本政府动用 70 兆日元的政策资金也无济于事。这场金融灾难，使日本经济在 20 世纪 90 年代一直处于零增长甚至负增长，因而得名为“失去的十年”、“伤心的十年”。再看 2009 年鲜活的教材——越南。自从 1986 年开放以来，越南经济发展驶入了快车道，特别是 21 世纪以来，越南制定了积极吸引外资的政策。大量国际热钱在优惠政策的诱惑下开始潜入越南，不仅推高了股市、楼市，也直接推动了通货膨胀。此前几乎全世界都看好越南，不过由于热钱的出逃，一场危机在 2009 年悄然而至。通过上述例子分析，我们知道太多的热钱进入中国会放大市场的流动性，加大通胀压力。热钱来得快，撤退得也快，资金快速涌入和退出时会拖累金融市场甚至引发经济危机。

在经历了金融危机的谷底之后，通过上述的种种迹象表明，部分流出中国的热钱再度来袭。市场人士似乎已经达成共识：2009 年下半年中国将会面临更加汹涌的短期国际资本流入问题。热钱的卷土重来源于全球范围内的流动性泛滥。金融危机后，以美联储为代表的各国央行展开的一系列放宽货币政策的行动，使得很多国家的基础货币供应量增速都达到了两位数。而这些资金都不约而同地把中国等新兴市场国家作为流向的首选地。从我国目前的情况看，热钱在赌人民

币升值预期的同时，乘机在其他市场如房地产市场、债券市场、股票市场等不断寻找套利机会。最明显的莫过于房地产市场。最近两年多来，我国房地产价格直线上升，全国房地产价格涨幅在12%以上，远远超过消费物价指数，尤其在北京、上海、杭州、南京等一些大城市，房地产价格上涨20%以上，甚至达到50%。即使2004年国家实行了严厉的宏观调控，也没有抑制房价的急剧上涨。

也许一些投资者会问，这次热钱的卷土重来和2007年热钱流入是不同的，2007年不仅资产价格上涨，而且人民币持续升值，热钱能够获得资产价格上涨和人民币升值的双重好处。而现在只是资产价格上涨，人民币对美元汇率保持相对稳定，如果未来人民币不升值，则投机资本只能获得资产价格上涨的收益，不能够获得人民币升值的好处。当然，从一定程度上讲，这样理解是正确的，因为从理论上来讲，境外热钱获得的收益是等于金融资产获得的收益加上人民币兑美元升值的收益。但是我们必须清醒地认识到，热钱的主要吸引力是资产的价格，未来的两三年内，即使找不到一个新的经济增长点，没有太大的机会，中国市场也会成为资金的避难所，因为中国不一样，政府运用杠杆的强大实力是刺激经济的动力，无论从长期还是从短期来看，经济发展都有良好的前景；而且人民币资产容易受到追捧，对境内资产价格上涨有推波助澜作用，因此境外资金会大量涌入国内。在资产价格不断上涨的情况下，香港居民更愿意把自己手中的人民币、美元和港元等转移到内地，投资国内股市和楼市，这就出现香港资金向内地流动及热钱借道香港进入内地的现象。刚刚开始，这个过程可能不是很快，越到后面，压力越来越大，规模越来越大，趋势短时间内挡不住，而且会有加剧的态势。

作为普通投资者，我们要知道热钱对一国宏观经济和资本市场的危害是有前车之鉴的。同样，热钱流入中国也对我国的宏观经济造成诸多影响。这些热钱大规模流入，导致外汇储备累积，加剧了流动性过剩，造成通胀压力和资产价格泡沫的膨胀。值得注意的是，这些年来热钱在赌人民币升值的同时，还一边唱空，一边抄底中国的楼市和股市。由于目前中国经济前景仍然看好，可以预期热钱的涌入将不是一个短期行为，其中的风险将会逐渐积累。特别是 2009 年下半年，热钱流入加快，很可能“烧伤”处在复苏状态的中国经济。

二、泡沫经济惹的祸

疯狂的泡沫经济

什么是泡沫经济？1999 年版《辞海》解释说，“（泡沫经济是指）虚拟资本过度增长与相关交易持续膨胀日益脱离实物资本的增长和实业部门的成长，金融证券、地产价格飞涨，投机交易极为活跃的经济现象。泡沫经济寓于金融投机，造成社会经济的虚假繁荣，最后必定泡沫破灭，导致社会震荡，甚至经济崩溃”。从这个定义中，我们可以看出：泡沫经济主要是对虚拟资本过度增长而言的。所谓虚拟资本，是指以有价证券的形式存在，并能给持有者带来一定收入的资本，如企业股票或国家发行的债券等。虚拟资本有相当大的经济泡沫，虚拟资本的过度增长和相关交易持续膨胀，与实际资本相距越来越远，形成泡沫经济。泡沫经济源于金融投机。正

常情况下，资金的运动应当反映实体资本和实业部门的运动状况。只要金融存在，金融投机就必然存在，但如果金融投机交易过度膨胀，同实体资本和实业部门的成长脱离并相距越来越远，便会造成社会经济的虚假繁荣，形成泡沫经济。

泡沫经济与经济泡沫既有区别，又有一定联系。经济泡沫是市场中普遍存在的一种经济现象。所谓经济泡沫，是指经济成长过程中出现的一些非实体经济因素，如金融证券、债券、地价和金融投机交易等，只要控制在适度的范围内，对活跃市场经济有利，这也就是一些经济学家提出的所谓理性泡沫。只有当经济泡沫过多，过度膨胀，严重脱离实体资本和实业发展需要的时候，才会演变成虚假繁荣的泡沫经济。可见，泡沫经济是个贬义词，而经济泡沫则是个中性词。所以，不能把经济泡沫与泡沫经济简单地画等号，既要承认经济泡沫存在的客观必然性，又要防止经济泡沫过度膨胀演变成泡沫经济。在现代市场经济中，经济泡沫之所以会长期存在，是有它的客观原因的，主要是由其作用的二重性所决定的。一方面，经济泡沫的存在有利于资本集中，促进竞争，活跃市场，繁荣经济；另一方面，也应清醒地看到经济泡沫中的不实因素和投机因素，存在着的消极成分。

通过比较日本经济泡沫化的主要经济条件，我们可以发现泡沫化的一些重要原因，包括私人部门储蓄率的上升、通货膨胀、长期宽松的货币政策和活跃的信贷创造。在1970—1990年间，日本经济吹起了一个股市、楼市的超级泡沫，日本股市的总市值超过了美国、英国和德国的市值总和；楼市也是一个巨大的泡沫，当时东京新宿高尚区的两居室售价超过120万美元，现在只有40万～50万美元。日本经济起飞的前期也是以外向型经济为主导的工业化经济，以大阪—神户

为中心的“阪神工业区”人口激增，而随着股市、楼市的繁荣，诞生了日本人口占比最高的超级城市。当时的日本，也是以最快的速度创造货币，以逐年下降的利率发放信贷，构建了股市、楼市滋生超级泡沫的金融温床。在此期间，日本的城市化率从35%提高到63%，经济发展的模式完成了两大转变：其一是从制造业驱动转向服务业驱动；其二是从以外需主导的模式转向内外需均衡成长的模式。研究发现：1990年日本经济泡沫破灭后进入“失落的十年”，重要原因之一就是广义货币供应量增速大幅度下降，利率已经低到几乎没有继续下调的空间了。

当预期的经济复苏来临之时，挥之不去的就是资产泡沫的膨胀和泡沫破灭的恐惧。这绝不是危言耸听的恐吓，而是顺理成章的逻辑。特别是在全球各国都在苦苦寻找引领下一轮经济繁荣的热点之时，中国经济的率先复苏就像夜空中的明星，极有可能被跨国企业的流动资本追捧为全球经济增长的新引擎。每一轮全球性的经济繁荣，都有热点行业或热点地区作为经济引擎。互联网是热点行业驱动的模式，而20世纪六七十年代的日本起飞是热点地区驱动的模式。可以设想，如果在未来的一二十年内，中国出现两个超级都市——大北京和大上海，合计人口占全国的30%，即5亿～6亿人，城市化进程中的股市、楼市泡沫还能避免吗？我们还没有发现逃脱的例子。

股市泡沫会直接传递到楼市，因为在楼市止跌时，财富贬值的担心会转化为投资股市的激情，而在股市翻番之际，无论是本金撤出还是收益撤出，都会有很高的比例转投楼市。股市和楼市螺旋上升激发财富效应。在这个阶段，经济复苏和通货膨胀的预期提供了最好的借口。在经济复苏还没有全

面开始之际，政策调控的风险反而较小；一旦经济开始全面复苏了，政策调控的风险就会逐渐上升。

通过仔细观察中国目前的宏观经济环境，我们将会发现，日本经济泡沫化过程中的大多数宏观经济条件，在目前的中国都是存在的：中国私人部门消费意愿下降和储蓄率上升是众所周知的事实，这在 2005 年以后形成了异常大的账户盈余。中国的长期债券市场受到商业银行资产负债表调整过程的重大影响，导致这个问题的原因，部分由于汇率升值，更加重要的原因是国际金融危机，导致了中国出口在 2009 年经历了罕见的崩溃，从而使得产能过剩压力凸现，并可能使得中国的通货膨胀率在较长时期内维持在低位。由于出口崩溃和产能过剩压力，再加上此前的经济扩张形成的后遗症，中国私人部门在非住宅领域的投资意愿目前比较低迷。目前，国家货币政策出现了相当大的宽松。在银行主动信贷创造层面上，我们看到了前所未见的信用扩张，如果考虑通货紧缩的事实，那么实际的信用宽松要更为猛烈。信贷市场上信用成本显著下降，这在民间借贷市场的表现更为明显。在房地产市场上，2009 年下半年在交易量放大的基础上，房价止跌回升，并在部分城市开始逼近或超过前期的高点。这些事实的存在可能暗示着这样的趋势，即在房地产市场复苏的带动下，中国经济将全面回暖，这一过程也许正在导致以房地产泡沫兴起为标志的经济泡沫化。

具体来看，在货币政策层面上，从 2008 年年底至 2009 年，美国推出 7870 亿美元的经济刺激计划，欧盟拿出 2000 亿欧元救市，日本的经济刺激规模累计达 38. 4 万亿日元，而中国也斥资 4 万亿元力挽经济困局。此外，始于 2007 年的房价大幅度上升过程在 2008 年经历了明显的中断。而 2009 年房价的回升，意味着房地产泡沫正在通过第一个但也是相当严重的一个压力测试，并启动金融市场的“反射”过程。房价回升势头如果继续维持一段时间，那么压力测试的全面通过将会严重影响市场参与者的心理基础。

通过日本的教训，我们知道，泡沫经济并不是什么新鲜事。西方国家，包括美国在内，21 世纪之后，都出现过持续时间相当长的泡沫经济。其后果则是日本在 20 世纪 90 年代之后出现的所谓“失去的十年”，以及卷起全球惊涛骇浪的美国次贷危机。让人无奈的是，泡沫经济总是伴随物价上升、通货膨胀而如影相随。

谁制造了泡沫

通过日本的例子，我们知道泡沫能够带来巨大的灾难，那么，泡沫是如何产生的呢？我们还是来看看日本这个典型例子吧。其实，归根结底泡沫是由金钱催生的。日本的经济泡沫就是按照这样的方式发生的：第二次世界大战之后日本经济快速发展，贸易顺差不断增大，为解决贸易摩擦签订的“广场协议”引发了日元的大幅升值，这一方面给日本出口带来很大压力，另一方面也使大量热钱涌入日本。所以，日本银行实施了前所未有的银根放松政策，同时进行金融体制改革，使企业很容易地从银行或资本市场获得低成本的资金，这样又使银行资本流入资本市场，助长了泡沫。在经济状况连续好于预期、国际地位不断上升的情况下，市场参与者的投资意愿不断被强化，投资者信心倍增投入大量资本，于是泡沫产生。具体分析主要有以下几方面的原因。

第一，银行资金大量流入房地产业是造成泡沫崩溃后巨额不良资产和信用危机的主要原因。日本政府从 1975 年开始

放松对上市公司发行公司债券的管制，大量的上市公司将筹资手段转向成本更低的海内外资本市场，银行和大企业之间的贷款业务不断萎缩，银行业整体面临开拓新领域或寻找新的贷款客户的压力。但同时，关于金融领域分业经营的改革进程异常缓慢，致使银行一直无法进入证券业和保险业。这使当时银行所面对的情况极为尴尬：居民存款不断增加的同时，银行的业务却面临缩减的威胁。于是，银行将目光转向了无法从股市筹措资金的中小企业，尤其是利润丰厚的大量房地产企业。银行认为，只要有相应的土地作担保，回收贷款就可以万无一失。但是，事实证明没有上市的中小企业是日本资产泡沫时期的最终土地购入者，其主要资金来源于银行贷款。同样，20 世纪 80 年代后期，企业特别是上市公司从资本市场筹措了大量的资金，然后又将其中的绝大部分资金通过购买股票或开办信托基金等方式投入股票市场，直接刺激了股价的暴涨。日本银行的统计表明，1985—1989 年，日本企业的资金需求为 61.7 万亿日元，而同期却筹措了 233.1 万亿日元，其中有 171.4 万亿日元用于非生产性支出。也就是说，日本企业筹措到了实际生产需求的近 4 倍资金，其中有近 75% 被用于股票或土地投资等。这样，在银行资金的鼓励下，经济泡沫越吹越大。

第二，热钱涌入使泡沫经济火上浇油。从 1985 年开始，大量国际投机资本进入日本，这其中也包括索罗斯的量子基金。在这种情况下，日本的股价和房价被迅速推高。日本的股票市场从 1986 年 1 月开始进入大牛市，4 年上涨了 3 倍。1988 年股票市场总市值超过国内生产总值（GDP），到 1989 年股市顶峰时，股票市场总市值是 GDP 的 1.3 倍，许多股票的市盈率高于 60 倍，市值总和一度超过美国、德国和英国的

总和。房地产价格更是一路飙升，地价飞涨使土地所有者和土地投资者的财富也快速增长。在1985—1990年房地产泡沫期间，日本土地累积的资本收益高达1420万亿日元，1990年是国民生产总值（GNP）的3.3倍。如果将日本和美国的土地资产额相比，把日本的全部土地卖掉折合价是2400万亿日元，美国的全部土地资产是600万亿日元，就是说日本的土地比美国的贵4倍，能买四个美国的土地，这简直是一个土地“神话”。

第三，投资者对本国经济过度乐观。“广场协议”使日本承诺日元升值和改变经济结构，这样，受汇率大幅变化的影响，出口锐减。为了刺激国内需求以弥补出口减少带来的损失，日本银行从1986年1月到1987年2月的13个月间，连续五次降低官方贴现率，从当初的5%一直降至历史最低水平的2.5%，并将其持续到1989年5月。在一系列宽松货币政策的激励下，日元升值带来的经济萧条所持续的时间大大短于市场预期。从1987年开始，日本的经济成长率连续4年高于政府预测值，同时企业的业绩也连续7期大幅超出了期初的预测值。这在日本战后经济发展史上是绝无仅有的事情，给投资者带来了巨大的信心。同时，伴随着经济的持续快速成长，日本的人均GDP超过美国成为世界第一；进入财富500强的日本企业不断增加。在这个时期，债权大国、资产大国、金融大国等大国论调开始在日本流行。日本甚至认为不久的将来经济就会成为全球第一。在这种非理性情绪的支配下，日本泡沫经济继续被放大。

那么，这个泡沫最终是谁捅破的呢？政府政策失灵是导火线。随着泡沫经济的不断膨胀，日本政府开始认识到问题的严重性。虽然日本政府意识到了问题的严重性，却采取了

一针刺破的措施，这引起了严重的后果。1989 年 5 月日本银行开始上调官方利率，将之从 2.5% 提高到 1990 年 8 月 30 日的 6.0%，日本股市应声而跌。到 1992 年 8 月 19 日，日经指数一度跌至 14650 点。在股价直线下跌的同时，地价也受到重挫，从此开始了长达 12 年的下跌历程。地价的急转直下，使不动产业和建筑业陷入危机，而贷款在泡沫经济崩溃后大部分都成了金融业的不良债权。受泡沫危机的影响，日本整个经济陷入了“失去的十年”。

让我们看看当前中国的经济情况吧。在应对 2007 年这场金融危机上，全球的央行一致行动，出现了史无前例的流动性。中国经济在这一场危机中也受到了影响，但是由于我们的资本账户不开放，金融体系没有受到很大的冲击，中国银行的资本金并没有遭到重创，我们国家的财富基本没有太大的流失。但是我们采取了和西方国家一样的货币政策，这就等于释放了大量的资金到日常生活中，这很容易引发泡沫经济，进而催生通货膨胀。因为随着 GDP 数字变成正值，各国的量化宽松政策会陆陆续续开始加大流动性。在 2009 年上半年，我国估计总共有 2 万亿元热钱在一个疯狂的贷款中间被制造出来了。央行对于基础货币发行不会再进一步增加，但是民间资金的周转速度在迅速上升。你看看一个个都把长期存款变成了储蓄，为什么？就是为了投机。这不仅仅带来了中国资产价格上涨过快，更带来了实体经济的投资化。实业资本辛辛苦苦赚的钱，不够在房地产市场、股票市场炒一把赚的钱，这样就催生了泡沫。但是，通货膨胀在我国的威胁，要大过其他国家，因为银行愿意借钱，大量地在借贷，信贷增长速度名列世界第一。此外，我国的房地产市场没有经历次贷危机的摧残，买房人的资金大多也未在金融海啸中消失，

加上中央政府在股市上的立场和地方政府在楼市上的作为，为资产通胀起到了推波助澜的作用。

三、石油点燃了通货膨胀吗

通货膨胀是由很多因素造成的，而原材料涨价是其中之一。石油是原材料中比较重要的部分，我们并不认为石油一涨，原材料都上涨，而是因为石油关系着众多商品的成本。石油是制造塑料和化工产品的原材料，也是燃油等重要能源的原材料，石油价格一涨，几乎所有行业都受到波及。当然，这也会传导到消费上，构成通货膨胀的一部分。

石油是最有可能导致通货膨胀的商品，也是唯一适合作为通货膨胀对冲的商品。石油是日常经济活动中必不可少的，以至于其消费量减少有很大的乘数效应。由于在需求和供应方面其价格敏感性都较低，因此它特别适合吸收多余的流动性，并在其他商品之前反映通货膨胀预期。2009 年以来，石油价格又重拾升势，目前已突破 70 美元/桶。而且，随着世界经济形势的逐渐好转，估计未来石油价格还会继续维持升势。作为一个石油净进口国，国际石油价格的上涨不可避免地会加大我国企业的生产成本，其连锁反应有可能增加未来发生成本推进型通货膨胀的压力。

随着当前油价的持续上涨，我们老百姓也已经感到了一丝的压力，但是很多人并不知道，中国作为世界石油消费大国，有将近 40% 左右的石油资源依靠进口。自 1993 年开始，中国就已经是石油进口国，而且每年都以 3.7% 的速度递增。我国进口石油的比重越来越大主要有两个原因：一个原因是我国石油生产产量增长缓慢，而需求增长非常快，这样我国

对进口石油的依赖就越来越大。另一个原因是我国进口的原油主要来源于中东地区，占进口的50%以上，这就蕴藏着一些供给风险问题。石油这一产品渗透到人们生活当中的方方面面，比如说你家里用的电冰箱、洗衣机等等，这都是石油里面出来的产品，再就是我们日常生活当中的飞机票、火车票等也随着石油的涨价而涨价，此外，还要加上燃油附加税。随着石油涨价，这些产品或服务的价格也在调整。如果说我们能够平抑这个油价，那么我们就能少开支点钱，我们的收入相对就更高一些。所以说，这些日常用品很多都会受石油成本价格的影响，它们会把这种影响传导给一些中间产品，然后由消费者埋单。

我们以19世纪70年代的石油危机为例来说明石油是如何引发通货膨胀的。1973年10月，以色列和阿拉伯国家之间爆发了中东战争。阿拉伯国家为了抗议美国和荷兰对以色列的支持，由绝大多数石油生产大国组成的石油输出国组织，即欧佩克（OPEC），强制通过了一个对美国和荷兰的石油禁运决议。由于害怕石油输出方面更大的混乱，购买者努力增加预防性石油存货，从而抬高了石油的市场价格。由于石油市场这种情况变化的刺激，OPEC成员国开始提高给他们的主要顾客——大石油公司的价格。到1974年3月，石油价格涨到原来的4倍。石油价格的大规模上涨导致消费者支付的能源价格上涨和使用能源的企业营运成本提高，还带动了非能源的石油新产品价格的上涨。要理解这些价格上涨造成的影响，可以把这种价格上涨看成是OPEC的石油生产国对石油进口商征收重税的结果。这次石油危机对宏观经济的影响等同于对消费者和企业同时征税，各国的消费和投资都出现紧缩，世界经济步入衰退。在1974年世界经济严重衰退时，

大多数国家的通货膨胀却加剧了。下表说明了 7 个最主要的工业国家 1973—1980 年通货膨胀怎样急剧上升的情况。尽管失业增加，但其中好几个国家的通货膨胀率几乎还是翻了一倍。

主要工业国通货膨胀率（1973—1980 年）（%/年）

国家	1973	1974	1975	1976	1977	1978	1979	1980
美国	6.2	10.9	9.1	5.7	6.5	7.6	11.3	13.5
英国	9.2	16.0	24.2	16.5	15.8	8.3	13.4	18.0
加拿大	7.6	10.9	10.8	7.5	8.0	8.9	9.2	10.2
法国	7.3	13.7	11.8	9.6	9.4	9.1	10.8	13.6
联邦德国	6.9	7.0	6.0	4.5	3.7	2.7	4.1	5.5
意大利	10.8	19.1	17.0	16.8	17.0	12.1	14.8	21.2
日本	11.7	24.5	8.1	9.3	8.1	3.8	3.6	8.0

通货膨胀率这么高的一个重要的影响因素就是石油危机本身。正如前面的叙述，石油价格的上涨直接提高了石油产品的价格和使用能源的产业的成本，所以导致了整个价格水平的上涨。从 20 世纪 60 年代末开始的世界范围内的通货膨胀压力不断增强，在决定工资的过程中产生了很大的影响，并在失业增加的情况下继续推动通货膨胀的上升。对通货膨胀的预期不仅使新工资合同确定的工资水平越来越高，还通过投机者们大量收购、囤积价格看涨的商品，使商品的价格进一步提高。

现在，我们结合国际原油价格的走势来看未来的通货膨胀。2008 年国际油价泡沫从加速膨胀到破裂，石油市场经历了前所未有的大起大落。2009 年上半年，国际油价经由相对疲弱的震荡走势逐步走出低谷。虽然地缘政治、美元汇率以及基金炒作等影响因素依然存在，但是国际油价走势已经逐

渐明朗了。国际原油价格2009年8月两次突破每桶70美元，8月24日每桶曾涨至74.37美元，22个工作日移动平均价超过4%（如下图所示）。同时，国内油价同样步入上涨通道，2009年9月2日，国家发改委将汽油和柴油价格每吨提高300元。北京93号汽油每升上涨0.24元，达到6.43元，这个幅度已经超过2008年同期历史最高价位。至此，国内汽油、柴油价格各自累计上涨了1230元和1100元，涨幅已经高达22%。事实上，2007年的通货膨胀是由猪肉价格和国际原油价格飞涨开始的，这一点人们仍然记忆犹新。现在我们担心的是历史会不会重演，因为通胀预期越来越明显。

伦敦洲际交易所布伦特原油价格趋势图

（2006年12月1日至2009年8月24日）

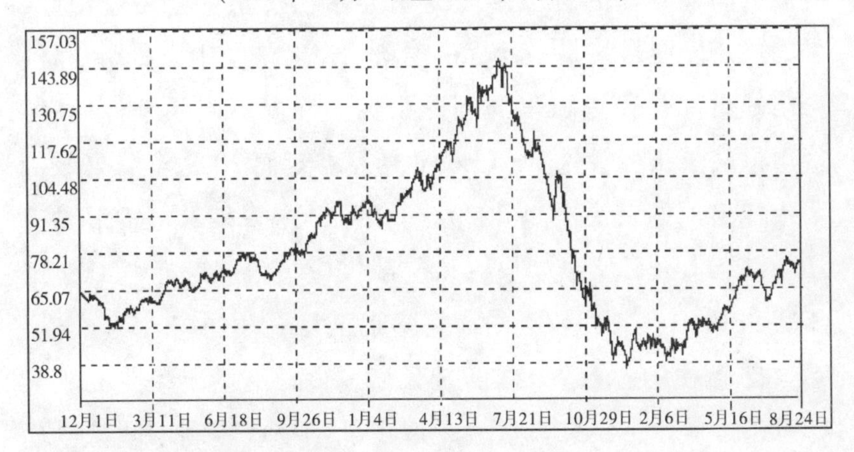

四、经济刺激——新一轮通货的发动机

面对金融危机的严峻形势，2008年11月，国务院常务会议确定了扩大内需、促进经济增长的十项措施，实施投资规模高达4万亿元的计划。该计划主要包括实行积极的财政政策和适度宽松的货币政策，出台更加有力的扩大国内需求

的措施，加快民生工程、基础设施、生态环境建设和灾后重建，提高城乡居民特别是低收入群体的收入水平，促进经济平稳较快增长。而且，在2009年，国务院总理温家宝9月1日在会见世界银行行长佐利克时再次重申：中国经济正处于企稳回升的关键时期，我们不会改变政策方向。

诱发通货膨胀的根本原因在于过多的货币供应量。在这一点上，没有经济学家会否认。同时国家对货币政策和财政政策分析后认为不宜作大调整，这也意味着会继续实施宽松的货币政策。2009年以来，随着适度宽松货币政策的实施，我国经济显现环比反弹。一方面我国存在产能过剩和负的产出缺口，对通胀起到抑制作用；但另一方面，历史经验告诉我们，当前宽松的货币供应迟早会在物价水平上表现出来，因为通货膨胀最终是一种货币现象。在经济学中，货币信贷、产出缺口都是通货膨胀的领先指标，根据不同的统计口径，货币供应量指标领先于CPI 6个月左右，而2009年以来该货币指标出现见底快速回升，从可预见的未来来看，货币增速还会继续上升，所以如果仅从货币供应量角度考虑，2009年年底和2010年存在较大的通货膨胀压力。

自金融海啸导致全球信贷紧缩、金融市场流动性突然干枯以来，世界主要央行普遍采取了低利率或零利率政策，政府和央行向经济注入了巨额流动性。中国政府以实施4万亿元刺激计划为世界瞩目，美联储的“量化宽松”政策更显示美国货币政策已经走向宽松的极致，所有短期稳定经济的政策都指向流动性泛滥。庞大的流动性在为经济增长提供动能的同时，也在埋下新的隐患：大规模的信贷投放是否会引发新一轮的通胀？宽裕的流动性是否将持续推高资产价格？

2008年9月国际金融危机来袭，似乎一场寒冷空气，给

中国高烧不退的通胀经济降了温。人们挂在嘴边的“经济过热”、“CPI 高企”、“双防”等，转而变成了“经济低迷”、“通货紧缩”和“刺激经济”。但是，人们还没有回过神来，涨价的呼声又起：股市已经开始飙升，楼市已经蠢蠢欲动，黄金价格攀缘而上，食用油、成品油、原油、铜、农产品等纷纷开始了涨价潮。中国经济，真的要再一次陷入通胀的深渊？

没有完美的经济刺激计划，任何计划都会不可避免地付出代价。全球各国的经济刺激计划都已开始奏效，在中国尤其如此，政策制定者们因而开始关注起长期风险的应对问题，而非寻求更多的短期工具。我国央行在 2009 年 6 月底发布的《中国金融稳定报告（2009）》中警告称，市场信心恢复后，全球可能出现物价上涨。从 2009 年 8 月经济运行数据看，国家统计局公布，7 月 CPI 较上年同期下降 1.8%，降幅大于 6 月的 1.7%，为连续第六个月下降。这怎么能说明通货膨胀呢？

对于通胀的担心很大程度来自于各国央行为了应对全球金融危机而采取的“印钞”行动，特别是全球硬通货的发行者美国实施“量化宽松”政策，通过直接购买长期国债释放流动性。而继美国之后，英国、日本和欧洲的央行也向市场大量注入流动性。在这种情况下，出现通胀似乎顺理成章。投资者对于世界经济的恐慌情绪正在淡去。一度作为避险工具的美元贬值速度加快。流动性过剩正在推升全球通胀预期。

由于流动性过剩、美元贬值，减少货币资产、持有实物资产就成为大家的一致选择，大宗商品价格飙升势在难免。2009 年以来，国内外大宗商品价格震荡向上，纷纷走出了一波强劲的上涨行情。曾经从每桶 140 多美元跌至 40 美元之下的国际油价，在过去一段时间突然上涨，2009 年 8 月已突破

每桶 70 美元关口。而就在 5 月，纽约原油期货暴涨近 30%，创下 10 年来单月涨幅新纪录。黄金市场也出现价格大幅上涨格局，纽约商品交易所 8 月黄金期货交易品种正展开对 1000 美元大关的冲击。农产品同样不肯示弱，自 3～9 月，芝加哥市场大豆期货价格已上涨 40%，CBOT 7 月大豆合约突破每蒲式耳 12 美元关口。其他贵金属、铜、铝和农产品的现货价格也都有所上涨。而随着大宗商品价格回升，大量资金涌入股市，又推动了资产价格的大幅提升。美、欧、日各经济体的股市，已较数月前低位反弹了 30% 以上；印度、中国香港、俄罗斯股市反弹幅度更分别高达 52%、77% 和 106%。

在中国，通胀预期同样与充裕的流动性相关。2009 年前 4 个月，我国银行新增贷款达 5.17 万亿元，提前实现了《政府工作报告》设定的“今年新增贷款 5 万亿元以上”的目标。央行公布，仅仅截至 3 月底，中国广义货币供应量同比增长 25.4%，创 1997 年以来最高纪录。中国目前实施的货币政策，其宽松程度已经超越了 1997 年亚洲金融危机后的水平。我们已身处资产价格泡沫之中。无论是沪铜、燃料油、大连商品交易所的化工类期货品种，还是行情较为独立的国内农产品，都出现了大幅度的上升行情。例如，上海期货交易所的铜期货价格每吨上涨接近 1 万元，涨幅接近 30%。作为经济晴雨表，中国股市表现也颇为突出。中国沪深两地的 A 股股指已创下一年来的新高，累计涨幅超过 100%。而老百姓最为关注的楼市，也出现了疯狂的看涨行情。通货膨胀真的要来了吗？

只要维持宽松的货币政策刺激经济增长，通货膨胀就可能会由预期变为现实。

第三章　通货膨胀在改变我们的生活

一、通货膨胀是一种税

在老百姓的眼里，税收都是通过国家税务机关征收的，对于通货膨胀也是一种税的说法可能不理解。但是，通货膨胀确实是政府利用发行钞票的权力对社会大众强行征收的一部分收益，从这个程度上讲，通货膨胀可以称为一种税，即通货膨胀税。举一个简单的例子：我今年收获了 100 个苹果，而国家印制了 100 元钞票，通过信用通道发到社会上去。假设社会上就三个人，一个是国家，一个是企业，一个是居民。这三个人在社会上保持流通，国家的流通通道是税收，国家提供公共服务，政府职员要吃饭，就得收税；企业提供的产品在市场上卖掉，从市场上收回钱；老百姓通过打工获得报酬。国家通过税收在 100 元钱中收了 20 元，企业卖产品收了 30 元，老百姓打工获得了 50 元。我们假定货币就流动一次，1 个苹果是 1 元钱的价格，国家收了 20 元，按道理可以买 20 个苹果。但是他发现买 20 个苹果根本不够用，他还不能抢，所以他就多印货币，直接交给了财政部，财政部就开始做预算了。现在这个市场上的苹果还是 100 个，对应苹果的货币

是200元，原来1元钱1个苹果，现在就是2元钱1个苹果，老百姓辛辛苦苦挣的50元钱原来可以买50个苹果，现在只能买25个苹果，但是其他25个苹果并没有消失，它们只是转移到了国家手中，而这个过程就等于老百姓向国家交了25个苹果的税收，即通货膨胀税。

有关通货膨胀税，经济学中的解释如下：通货膨胀税一般有两种含义。其一，政府因向银行透支、增发纸币来弥补财政赤字，降低人民手中货币的购买力，被喻为“通货膨胀税”。它一般是市场经济国家的政府执行经济政策的一种工具。在纸币流通条件下，国家增发纸币虽然可达到取得一部分财政收入的目的，但势必造成纸币贬值，物价水平提高，从而使得人民用同额的货币收入所能购得的商品和劳务比以前减少。由于它实际上是政府以通货膨胀方式向人民征收的一种隐蔽性税收，所以称“通货膨胀税”。通货膨胀会扰乱正常的货币流通速度。货币持有者为了少受损失，会尽量让货币早些脱手，换回所需物品。在通货膨胀最严重的时期，会出现盲目抢购，从而造成货币流通速度加快，加剧通货膨胀状况，妨碍经济的稳定发展。因此，现在各国政府通过增发通货来弥补财政赤字的办法已很少使用，有些国家还利用金融制度加以限制。如美国的货币发行由联邦储备银行掌握，而联邦储备银行不隶属于总统，所以财政赤字无法通过直接增发通货弥补。其二，在一般情况下，纳税人应缴纳的税收取决于他们的货币收入，而他们适用税率的等级是按货币收入水平确定的。在经济出现通货膨胀时，由于受通货膨胀的影响，人们的名义货币收入增加，导致纳税人应纳税所得自动地划入较高的所得税等级，形成档次爬升，从而按较高适用税率纳税。这种由通货膨胀引起的隐蔽性的增税，也被称

为“通货膨胀税”。

金融危机后，世界各国都在滥发货币，而发达国家的通胀压力，相当一部分向全球转嫁了。比如，70% 的美元在美国以外的国家流通。类似中国这样的国家，大肆购买美国国债或者直接储备美元，帮助美元减轻了通胀压力。而中国的廉价劳动力和廉价商品，同样拉低了美国等发达国家的商品价格，帮助美国稀释了部分通胀风险。可是，中国自己的通货膨胀呢？所有的通货膨胀风险都只能由国民自己承受。从 2008 年 11 月至 2009 年 6 月，在这 8 个月中，国家累计放贷 8.6 万亿元，增量达到了令世界瞠目的地步。中国的 GDP 才多少？如此巨大的信贷投放，引发了购房狂热，而房价本身并不计入 CPI，无法通过数据传递给民众。另外，中国粮价远远低于国际粮价，这暂时掩盖了通货膨胀风险。当通货膨胀真的到来，我们能够承受由此引发的巨大后果吗？

二、政府的困窘

2009 年 9 月底结束的 G20 匹兹堡峰会上，各国央行的退出策略再度被推到了风口浪尖上。各国领导人认为，应开始考虑协同推进退出战略，以防止通货膨胀的发生。但在退出声音越来越大的同时，由于不同国家和地区的经济复苏程度不尽相同，各国的步调并不一致。俄罗斯和匈牙利央行已经决定下调基准利率。可见，各国面对通货膨胀的态度是不一致的，这并非各国政府不合作，而是通货膨胀确实是各国政府所不能准确预期的。同样是在 9 月底的大连达沃斯论坛上，在温总理的讲话中，一方面，他强调宏观政策要保持稳定；另一方面，他又指出要警惕和防范通胀风险。寥寥数语，却

是个重要信号，表明决策层已预感通胀的压力。本来也是，2009年年初央行计划全年新增贷款5万亿元，可上半年贷款达7.4万亿元，年底将突破10万亿元，这么多钱放出去怎么会不拉高日后物价呢？

著名经济学家弗里德曼曾说过，通胀始终是货币现象。若反过来理解，则是说防通胀其实只需一招——收紧银根。可难题在于，央行并不知道何时收紧银根才对，而且力度也不好掌握。这是有前车之鉴的。比如20世纪80年代，当时政府为促进商品流通而扩大信贷，想不到1988年却酿成了一场全国性的抢购风潮。无奈之下，中央只好急刹车，可一脚踩下去，到1991年经济却又跌入低谷。1992年经济重新启动，但很快又出现过热，物价指数迅速超过20%。1993年再次紧缩，到1996年见效，这次不仅通胀得到了遏制，而且经济增长仍达10%。于是很多人弹冠相庆，以为宏观经济“软着陆”了。然而好景不长，人们很快发现需求不足悄然降临，企业效益迅速下滑，失业急剧增加。令人懊恼的是，正当我们调整政策试图再将经济拉起的时候，祸不单行，迎面却撞上了亚洲金融危机，1998年又遭遇特大洪水。尽管中央采取一系列措施予以弥补，但萧条还是终成定局。

由此可见，中国经济的确存在这样一个“冷热循环”的怪圈。何以会如此？有人试图用经济周期来解释，但再深层次考虑一下：经济为何会有周期？对此笔者倒觉得弗里德曼的解释更有说服力。弗里德曼早年曾研究过多国的货币资料，结果他发现一国货币供应量的增减，并不能马上表现为物价变化，中间的“滞后期”需12～18个月。正由于有“滞后期”，所以政府在用货币政策调节经济时往往会做过头，要么刺激过度，要么紧缩过度。是的，问题就在这里。虽然推断

通胀到来的时间并不难，但因为“滞后期”，我们却很难找准紧缩银根的最佳时机。比如从 2008 年 11 月政府启动扩大需求的政策，截至 2009 年 9 月差不多已有 10 个月，其间中央财政新发债 9500 亿元（含地方债 2000 亿元），增加贷款 8 万亿元，若按弗里德曼说的“滞后期”推算，那么物价上涨就应该在 2009 年年底，最迟也在 2010 年 7 月。未雨绸缪，央行按理说眼下就应该着手收紧银根，可是，令人困惑的是通过观察 2009 年前 9 个月的数据，我们会发现 CPI 是负的，在这样的情况下，谁敢保证紧缩银根不会令物价继续大跌呢？

政府目前所以举棋不定，也许原因就在于此，所以央行在 2009 年上半年多次说，适度宽松的货币政策不会变。作这样的表态可说用心良苦，目的无疑是想稳定军心。不过表态归表态，若从经济逻辑看，宽松的货币政策不可能长期不变。可以想象，一旦物价回涨，央行怎可能无动于衷？要知道，物价上涨有惯性，若是放任不管，等通胀真的到来时，政府怕是措手不及。有过多次教训，政府这次绝不会再让自己被动的。很明显，在面临通货膨胀时政府的处境确实很尴尬：一方面，要保增长不敢轻易收紧银根；可另一方面，要防通胀又不得不收紧银根。左右为难，怎么办？天下能有两全之策吗？也许有人认为弗里德曼的“单一规则”货币政策可以解决这个问题。弗里德曼说，欲调节经济，央行不必频繁动用货币政策工具（利率、准备金率与公开市场业务），而只需在确定货币供应时盯着两个指标（一是经济增长率，二是劳动力增长率），并把货币增长控制在两者之和的范围内，除此之外，其他统统不要管。很可惜，此规则在美、英等国试验之后，结果并不理想。所以，政府在面临通货膨胀时，同样会陷入困境。

三、老百姓的压力

通货膨胀是一个可怕的敌人，而且太容易低估这个敌人，这个敌人特别危险。通货膨胀的侵蚀力量令人害怕，以5%的通货膨胀率来说，你的钞票的购买力在不到15年内，就会少掉一半，在随后的15年内，又会再少掉一半。通货膨胀如果是7%，只要经过21年，你的钞票购买力就会降到只有目前的1/4。

通过前面的描写我们也知道，经济政策的重要内容是货币供给的巨量扩张。货币扩张在成功制止了经济下滑和防止了信贷紧缩的同时，也埋下了未来通货膨胀的隐忧。通货膨胀的危害主要有两个：一是它使价格体系失灵，二是它扭曲了分配制度。对于生活必需品开支占收入大部分的低收入群体而言，他们的购买力由于物价的上涨而下降；特别是对于中低收入者而言，由于粮食和食品价格的上涨幅度远远高于CPI的涨幅，他们的购买力下降更多。那么，通货膨胀究竟对我们的影响具体表现在哪些方面呢?

国家4万亿元经济刺激计划和7万亿元的骇人贷款总数导致市场上流通的货币非常充裕，即中央银行在加速印钞，造成百姓手中本来的人民币购买力下降，百姓存在银行的钱也大幅地缩水，这是潜在的购买力下降和财富缩水的表现。缩水的那部分财富到什么地方去了？流到了政府手中。国家投入4万亿元资金刺激经济，百姓手中的钱缩水，也即是说，国家是从百姓手中透支了未来的钱，相当于向全民征税。4万亿元接近2008年一年的国家税收总收入。

而要注意的是，通货导致的价格上涨不是伴随货币量同

步上涨的，即不会在同一时间上涨，也不会以同一比例上涨。相反，不同商品和服务的价格会陆续上涨，且上涨幅度大不相同。恰恰是由于这一点，通货膨胀具有一种逆向再分配的效应。新增货币总是流入到经济体系的一个具体的点上，总是有些人先得到了若干货币，在他人之前花销掉这笔钱。这些人是谁，则取决于实现货币流增加的具体方式。第一批得到增发货币的人会将这笔钱花出去，或者用于投资，或者用于消费。这样就会抬高他们所投资或购买的商品、服务的价格。于是，后一行业的企业的收入增加，他们又增加投资或消费，再对他们所需要的投资品或消费品的价格产生影响。这就如同向水中扔进一块石头，涟漪从中心向四周扩散。而且可以说，最早上涨的那些价格就必然会一直领先于其他价格，因为在特定时期，新增货币源源不断地流入这些行业。相反，越往后，价格上涨的幅度会越小，相关企业及其员工所能获得的收入增加就会越少。

这个时候，我们通常理解的总体价格上涨水平，根本不能反映通货膨胀所导致的价格相对结构的重大变化，而正是这一点，影响着不同行业、不同地位的人们的收入。因为，如果价格同步上涨，则通货膨胀就不会影响人们的实际收入，只不过经历相同的货币贬值而已，这就像常说的“水涨船高”。但价格结构变化却意味着，相对于无通货膨胀时期，整个社会的收入分配格局会发生倾斜，其倾斜方向有利于增发货币流最早落到的商品和服务，而不利于货币后来才陆续落到的商品和服务。而不论在哪个国家，按照增发货币的模式，新增货币当然首先会流入政府部门，在中国尤其会流入政府照顾的各个行业和企业，包括垄断企业，大量货币也会以政府投资的方式花出去。总之，接近政府、接近权力的企业，

被政府认为应当优先发展的行业，会最早得到增发货币。这些企业及其雇员的收入会首先提高。他们的投资和消费需求增加，会带动相关企业、行业收益增加。

相对来说，价格最晚上涨的，通常是距离政府权力最远的企业和行业。而所有这些价格上涨会波及较为重要的最终消费品——食品上。应当说，距离政府权力最远者，比如农民，也可能因为猪肉、粮食价格上涨而享受到一点好处，但在他们所生产的产品价格上涨之前，其他商品与服务价格早就涨上去了，而彼时，他们的收入却并无增加。更重要的是，一旦这些商品和服务价格上涨，通货膨胀就已经成熟，政府必然要采取强有力措施干预价格，于是，他们本来要得到的好处就流失了，因此他们是通货膨胀的净损失者。

总之，在通货膨胀过程中，一般来说，穷人所从事的行业通常是价格上涨最晚、持续时间最短、幅度最小的，而富人、掌握权力者所在行业的价格上涨最早、持续时间最长、幅度也最大。通货膨胀带来的价格上涨必然会使穷者愈穷、富者愈富，这也正是过去几年来人们亲身体会到的一种现象。

第二篇

通货膨胀中我们怎么办

第四章 把握经济周期

一、金融危机的尾巴

始于2008年年初的全球金融危机，各国央行大力刺激经济政策的实施，当政策的效果开始显现，金融危机也随之渐行渐远。本次金融危机被经济学界称为自20世纪30年代“大萧条”以来最严重的金融危机。

在全球金融经济形势一片看跌之中，通货膨胀的压力也从大洋彼岸顺势刮到中国和印度，生活物资、原材料轮番上涨，人民币汇率逐渐提高，企业面临材料成本和人工工资上涨的双重压力，可市场却依然凋敝，中国的滞胀局面似乎正在开始上演。

2007年的经济膨胀时期似乎一去不返，让人更加捉摸不透的还有中国经济的何去何从。奥运会的顺利闭幕让中国政府松了一口气，但紧随其后的就是如何控制CPI和PPI以及应对日渐显现的市场凋敝。2008年的中国经济可谓是危机重重，股市暴跌超过75%；深圳、上海、北京等大城市的楼市低迷；广东东莞等制造业集中的地区大批企业倒闭；雪灾、地震更是给经济雪上加霜。2009年经济似乎出现转机，但是

并不明朗，该如何从这纷繁复杂的各种问题中理出头绪？

此轮经济危机是一种全新的经济危机，是历史上第一次因银行大量吸入有毒资产而将整个金融体系推至崩溃的边缘，也是历史上第一次因衍生产品而导致跨市场及资产种类的连锁反应式的资产价格崩盘，是历史上第一次全球性的金融危机带动全球性的实体经济强烈衰退。

央行的危机处理和之后的货币政策，同样史无前例。发行超量货币流动性，是央行应付危机的主要处方。量化宽松政策，不仅为金融体制带来了急需的流动性，也将央行对市场的影响力由政策利率扩散到商业利率，同业拆借市场、信贷市场、按揭市场直接受益，借此稳定住信心。接下来金融资产价格回升，帮助银行对有毒资产进行“消毒”，更创造出银行巨额集资的市场条件。

如今资产价格上升，带来了信心的正常化，实体经济中已可以见到复苏的迹象，春芽日渐增多。然而，就业市场仍在恶化，过早地收回刺激政策，随时可能适得其反，带来反效果。日本20世纪90年代中在复苏未稳的情况下提高消费税，其后果广为今天的政策制定者所警惕。

由于失业情况仍在恶化，在可预见的将来，CPI通胀可能在全球范围内蔓延。能源与商品价格迅速回升，推高了生产成本，CPI反弹的可能性颇高。央行为拯救经济，连手推出了史无前例的货币扩张。太多的流动性和太低的资金成本，将资产价格迅速推高，使之升到与实体经济不相称的高度。然而，面对众多的不确定性，央行决定将精力放在经济复苏上，选择了多看CPI，推延回笼流动性的时间。

但是，金融资产通货膨胀与消费物价通货膨胀一样，令经济发展变得难以持续，早晚会迫使政府和央行采取降温行

动，触发经济周期下行。2010年1月12日，央行公布上调存款准备金就是一个信号，今天没有CPI通胀，不代表以后也没有。资产价格带起CPI的例子，比比皆是。格林斯潘的信贷扩张，推高了美国房价，一方面刺激消费者超前消费，另一方面创造金融泡沫，消费物价随之上扬。当央行收紧银根时，触发了一场罕见的金融灾难。

在这轮经济危机中，中国经济受到的冲击远比西方国家小，但是和其他国家用同样剂量的药，接受同样长度的疗程。由于对出口前景没有把握及对就业市场充满担忧，中国的量化宽松政策（通过银行的巨额贷款）仍将被维持着。2009年半年时间内超过7万亿元的新增贷款（之前全年贷款的历史纪录为5万亿元），根本无法被实体经济全数消化。有1万亿元的银行贷款通过各种渠道流进股市、房市，成为追逐短期投机利润的热钱。同时，2009年年初，大企业多信奉“现金为王”的策略，手头持有巨额现金。如今金融风暴的最坏时刻已经过去，存放在银行的资金几乎没有回报，实业投资前景又不明朗，大量企业存款转向金融和债务投资。除此之外，民间资金也在由2008年第四季度的信贷恐慌向现金恐慌转移，在通胀预期之下，人们愿意重新购买风险资产，寻求更高回报。温州炒房团的活跃，便是这类资金的写照。

如今流动性泛滥，资金成本低廉，民间通胀预期升温，出现热钱横行的现象，也是政策手段合理的、必然的结果。2009年下半年股市、房市齐升，是由信贷泡沫带出资产泡沫的合理、必然的结果。2009年下半年房市比股市更疯狂。房市泡沫大，与股市相比，对银行的资产质量影响更大，对金融安全的潜在威胁亦更大。

全球金融危机以及通货膨胀预期下，也必然影响人们的

投资思路，改变着人们的投资理念。股票市场历来被人们称为“经济的晴雨表”，当经济运行中的危机爆发时，股市最及时也最能灵敏地反映出经济的发展态势。本次金融危机发生之后，全球股市受到了剧烈的冲击：日本股价连续下跌之势极大地影响了民众的投资信心，许多日本民众开始后悔和抱怨没有及时逃离股市；在俄罗斯，从2008年下半年开始就出现了不良的苗头，股指开始掉头向下时，许多人以为只是正常的调整，但在随后的短短5个月里，连破数个重要关口，跌幅超过60%；我国的股票市场也同样受到美国及世界金融动荡不安的严重影响，A股跌幅几近达到70%，令广大股民损失惨重。在股市全面泛绿的情况下，敢于冒险的投资者们也开始寻找其他的投资渠道和理财方式。我们清楚地看到，本次金融危机的导火索可以说是房地产行业，但在世界许多国家房价下跌的同时，中国的房价却依然坚守高位或者微跌。当然，这种现象有一些制度层面的因素，但是不排除部分资金从股市撤离后进入房市的可能。同样，在2009年，大量资金开始追逐基金市场，从而推高了部分基金的短期收益和风险。

从2009年全球经济的表现来看，似乎最危险的时期已经过去了。意大利联合信贷银行首席经济学家认为，“数据进一步证明，随着强有力的刺激措施继续提振全球经济，在亚洲和欧洲的率领之下，美国上空的暴风雨云已开始消散”。但这也并不代表本次危机就此结束了，因为“政策的刺激力度会逐渐减弱，而私人需求还没有准备好接替它”。在金融危机逐渐显现退潮信号的时候，全球市场对全球经济前景的乐观情绪显示出一些动摇迹象。因此，就资本市场而言，投资者的信心如果不能有保障地得到恢复，危机的化解尚待时日。

在金融危机之后，在通货膨胀预期增强的时期，我们的投资策略也站在了十字路口。

二、经济周期的魔咒

经济周期是经济活动中一个历久弥新的话题。自有经济活动以来，经济运行过程中总是出现扩张与紧缩的交替更迭，如此循环往复。虽然经济学家一直在不断努力探索经济周期的原因，试图克服经济周期的一再重演，但时至今日，经济周期仍然是个无法根治的痼疾。

通货膨胀的“潮起潮落”，总是伴随着经济活动像钟表一样周期性地“打摆子”。繁荣不再可靠，萧条更加残酷。面对通货膨胀这个“隐形杀手”，人类的财富被不断侵蚀。2008 年全球性金融危机爆发前后，一次“来也匆匆、去也匆匆”的新通胀，似乎和我们擦肩而过。然而，能否断言，通胀真的从此远去？世界各国采取大规模“救市”措施，无一例外地向市场注入更多流动性，这些，是否为通胀埋下了伏笔？

铜山西崩，洛钟东应。通胀和经济周期联系紧密，特别是今天，全球经济之间的联系愈加紧密。例如，面对美国经济再次陷入房地产周期的形势，2009 年年初，中国经济也开始感受到明显的外部冲击，并且作出了适当调整。诚然，在我国此轮经济调整中，更多的还是我国经济发展过程中内在的要求。除了产业结构的技术升级与加强国际竞争力的客观层面的原因之外，市场的快速膨胀也遭遇越来越多的瓶颈和压力，因而调整并回归价值基本面成为必然。

有人会想，如果经济周期仅仅是危及资本市场或者只是

损害了某些不甘寂寞的投资者的最终利益，那么我们只要远离金融市场，至少可做到保全自身。但是现实的情况却并非如此。经济周期宣告衰退来临之时，随之而来的是：投资者恐慌，大量资金不翼而飞，进而实体经济投资乏力，国民实际财富增值下滑，失业增加等。总之，金融危机可能爆发于资本市场，最终必然要作用于实体经济，这也正是金融危机的最大破坏力所在。

经济的周期性运行是客观存在的，萧条的原因是因为过度繁荣，过度繁荣的原因是因为过度萧条。周期性是市场经济的基本特征，就像经济学家熊彼特所说的，周期不像扁桃体，可以割掉；周期就像人的心脏，是整个经济体的核心组成部分。所以我们要学会以平和的心态接受周期，更要学会如何以积极的姿态在周期下生存，与周期共成长。因此，投资者就必须制定相对于不同经济阶段的投资策略，也就是兵家所谓的“兵来将挡，水来土掩”。拿本次经济衰退而言，各国刺激政策的实施使得投资利率降低，相反，投资回报率就会逐步显现出来；另外，危机的发生使得经济运行中的很多泡沫被挤出，在此期间很多上市公司的股价下跌幅度很大，一些公司甚至跌破了净资产，从而使得收购成本相对于经济繁荣时期更低。

通胀周期一般滞后于增长周期。在中国，通胀周期与增长周期具有明显的先后波动次序。2009 年第二季度至 2009 年第四季度，经济上行与通胀下行并存，处于经济复苏初期的“增长复苏 + 低通胀”模式，以可选消费为代表的先导行业率先复苏，行业景气轮动规律开始发挥作用，这往往是经济增长和股票投资的黄金时期。预计未来周期将演进到：经济与通胀双双上行阶段，经济全面复苏与通胀一起来，政策

转型，黄金时期结束，景气重归上游。那么，面对经济周期的“诅咒”，我们该如何理财呢？下面我们以股市为例来谈一谈。

关于经济周期对股市的影响，投资者应该辩证地看待。在实际的投资中，常常会出现指数上涨了1倍或者近千点，而很多投资者账户中的资产增长却非常少，甚至出现巨额亏损的现象。在1996—2008年十几年的股市发展进程中，经常会有这样的现象发生。这并不是说经济周期对股市的影响不起作用，而是经济增长过程中的推动力变化、行业变化、企业经营变化以及市场行为导致了这样的现象发生。比如，在经济快速增长时期，防御性的行业因为不具备很高的成长性而表现较差，一直持有这类股票就难以获取很好的收益，如果在较高点位买入此类股票也有可能会亏损。

另外，制度与估值等其他因素也可能会扭转经济周期对股市的影响。如2003年以来，全球经济都在快速增长，中国经济更是保持着少有的高速增长态势，但2003—2005年，国内A股市场却出现了长达两年的熊市，这并不是因为经济周期对股市不起作用，而是由于股改前期市场制度的困扰和投资者信心涣散所致。

从投资理念来看，经济周期对股市影响时间较长并不必然代表要长期持股。尤其是经历过大牛市的投资者总会产生错觉，似乎只要长期持股就会获取超额收益。但事实上，有相当一部分投资者10年前在上证指数还是1700点的时候买的股票至今没有多少赢利。例如有位投资者在1997年11月上证指数不到1200点的时候以6元多的价格买进一只股票，该股票在最高点的时候曾经带来多达百万元的收益。但这位投资者在盲目长期持股的理念下，该股在此后的几年调整市

中不断下跌，最低只有2元多；而在此期间，上证指数最低也只有1000点左右，特别是当2007年上证指数达到6100点的水平时，该股最高价也只有12元。由此分析，中国经济连续增长了10年，而该股只有1倍的升幅，年均收益率只比银行存款高一点而已。

值得注意的是，2007年以来，全球经济已经进入通胀时期，高通胀持续多长时间，商品市场牛市还能持续多长时间，全球经济增长周期是否会受到高通胀的影响，等等，都成为未知谜，因而要准确判断经济周期对股市的影响几乎是不可能的。周期的意义在于，我们在实际投资中多了一个分析问题的角度。

第五章　通胀下的国家策略

一、美国的堕落

本次美国金融危机爆发的一个深层次原因是美国的次债危机。次级债是美国金融业竞争加剧以及衍生金融产品不断面市的产物。1999 年后，华尔街的精英们——主要由数学家和经济学家组成——设计和研究如何包装不良的债务，将企业贷款、屋业贷款、个人信用贷款和垃圾贷款等包装成金融衍生产品，从衍生产品中再制造衍生产品，再由评估公司加以评估，评为优质债券。这些大量的金融衍生产品，一部分留在美国本土，其余一部分推给其他国家。但是，精英们在设计这些金融衍生产品时，有许多先决条件，其中最重要的就是假设美国经济永远会走向繁荣；同时，人们不会违约，会及时偿还利息。而且这类金融衍生产品完全没有受到美国金融机构的监管。这种金融衍生产品被后来的一些经济学家称为“美国的郁金香”。华尔街精英们的“集体堕落”酝酿了一场巨大的危机。

2008 年危机爆发之初，格林斯潘就曾指出，这是近百年来最深刻的一场危机。这意味着危机的源头并非次级抵押贷

款，甚至不是证券市场的过度投机本身，而是美国经济和社会运转深层机制中蕴藏着的更基础的危机。美国是全球化的中心和引擎，所以美国一旦爆发危机，被全球化覆盖的世界也会因此地动山摇。在此情况下，震中位于美国的全球危机可能扣动危机的扳机。届时，美国的全球化模式可能会加速被另一种模式所替代，最有可能的是东亚模式。这次危机折射出了美国命运的戏剧性，而究其最终原因，可能是美国价值观的堕落，如崇尚劳动、勤俭持家、清心寡欲等价值观变得日益衰微。如今，这个世界上最强大的国家正深陷狂热消费的旋涡，人们拼命追逐最新的财富和乐趣，过度浪费资源，心灵空虚，贪图享受。

在千万美国人看来，长期入不敷出很正常，这导致了贷款债务的持续增长。举债度日的惯常生活方式令美国背负了越来越多的债务。如果美国停止了举债，那么很有可能会以破产或冲突收场。正因为它的开放和全球领袖地位，美国才能够年复一年不平等地占有其他国家（尤其是穷国）的劳动果实，以弥补收入和支出之间的鸿沟。而这种占有的规模是如此巨大，令全球都付出了沉重代价。

美国人口仅占世界的5%，却消费全球30%的资源。为弥补巨大的贸易和消费赤字，美国人绞尽脑汁，想出种种投机方法，他们不只是印刷美元，还出售自己的债务，通过债务去侵吞其他国家的财富，数额极大。美国的国内生产总值是十三四万亿美元，而其所有债务（包括国家债务、公司债等）已突破50万亿美元。这在人类历史上是绝无仅有的。不难想见，依赖这一机制，美国有借无还地使用着全球的资源，将给世界带来多大的毁灭性影响。

在美国，经年累月，大量购入商品与支付能力之间的鸿

沟越来越大，最终金融危机也就无可避免地发生了，因为债务投机总会有山穷水尽的时候，全球已开始对抗空头美元，抵制用它来换取珍贵的物质资源，抵制购买美国债务。尽管早前有人已就美国可能发生的金融危机有所预料，但它的规模和影响是如此之大却出乎所有人的意料。2008 年 3 月，美国第五大投资银行贝尔斯登因濒临破产而被摩根大通收购；在近半年后的 2008 年 9 月，美国金融业再掀风暴，历经了 158 个春秋的美国第四大投资银行雷曼兄弟也宣告破产，而随后美国的第三大投资银行美林公司被美国银行收购。这样，前后仅隔近半年时间，华尔街前五大投行中的三家相继垮掉，美国的金融市场上空阴云密布。

面对如此糟糕的经济状况，美国政府并没有无动于衷，而是实施了宽松的货币政策刺激美国经济。美国政府通过注资、贷款、定期拍卖、资产置换、短期资产购买等量化宽松措施向金融系统注入了大量的流动性。2009 年年底，据彭博资讯声称，美国 TARP 监察长 Barofsky 透露，美国纳税人为拯救经济和金融企业已经付出了高达 23.7 万亿美元的代价。而且，美国在更早的时间里接管了濒临破产的“两房”。在 2009 年年初，美国国会通过的 7870 亿美元的振兴经济方案中，出现了被各国指为保护主义的“买美国货”条款。这项条款要求“获得振兴款的公共工程，只能使用美国制的钢铁”。

截至2009年上半年，美国斥巨资救市一览表

方式	时间	内容
财政部收购毒资＋银行企业国有化	2008年10月	7000亿美元救市方案通过，美国开始清理银行毒资
	2009年2月	美国政府与花旗集团达成股权转换协议，成花旗最大股东
大规模减税＋住房救济	2009年1月	奥巴马拟向个人和企业提供3100亿美元的税收减免
	2009年2月	奥巴马签署7870亿美元经济刺激计划
	2009年3月	美国启动750亿美元住房援助计划，900万户家庭受惠
“零利率”＋印钞回购债券	2008年12月	美联邦基金利率降至0至0.25%区间
	2009年3月	美联储推出1.15万亿美元回购债券计划

美国所表现出的强势的救市态度，让美式自由市场机制难以为继，政府干预主义的勃兴。美国20世纪30年代的大萧条，就是政府长期实行自由放任、不干预大企业垄断的经济政策的结果。而20世纪70年代西方发达经济体遭受前所未有之“滞胀”，又跟政府过强干预有一定关联。接着自20世纪80年代开始，“市场化革命”思潮勃兴，美国经济政策过多强调自由放任和“更少的政府干预”，特别是21世纪以来，在金融衍生产品层出不穷、规模急剧扩大的过程中，美国金融监管缺失，以致引发本次波及全球、破坏巨大的金融海啸。

此外，美国斥巨资向市场注入流动性，难免要对下一轮的全球经济运行产生重大影响。过量的流动性将毫无疑问地成为衰退期过后经济运行重大的隐患，而最直接的后果可能是全面的通货膨胀，甚至是更为严重的滞胀。2010 年抬头的通胀也说明了这一点。

二、告别高增长时代

改革开放 30 年来，中国经济平均以 10% 的速度增长。温家宝总理在关于 2008 年的政府工作报告中提出，2008 年我国的经济增长率为9%，2009 年中国在“保增长，保就业”的目标下使经济增长达到了 8.7%。从 2003 年开始，我国的经济经历了连续 5 年增长率突破 2 位数的高速增长期。2003—2007 年，我国经济增长率依次为：10.03%、10.09%、10.43%、11.09%和11.90%。由于美国次贷危机和世界金融危机对中国的影响，我国 2008 年经历了一个相当困难的时期，但仍然保持了 9%，直接导致了经济的下滑，结束了多年的高速增长之势。但 2009 年依然达到 8.7%。

过去30 年的超高速增长得益于重化工的超常规扩张，资本密集程度越来越高的的产业结构根本吸收不了很多劳动力，制造业现在占 GDP 的 50% 左右，但是带来的就业只占劳动人口的 25%。因此，生产率的飞速提高无法同步转化为劳动收入的提高，也就难以转化为消费和购买力的提高，反过来会推高储蓄。重化工化和资本密集化的方向，必然使得国民收入的初次分配越来越偏向于政府和资本，劳动报酬和居民储蓄所占份额越来越萎缩，政府和企业拿了越来越多的钱，只能做投资，形成产能，国内消费不了，就只能卖到国外去，

形成顺差。所以我们看到，高储蓄必然带来高投资，而高投资反转过来又进一步推高储蓄，周而复始，一旦投资停止，那么，这个循环彻底断裂。

此外，长期以来，我国经济增长都表现出出口拉动型的特征，2003—2007 年期间，我国出口的增速分别达到了 34.59%、35.39%、28.42%、27.16% 和 25.68%，增长速度之快为改革开放后罕见。在 2007 年，我国的出口总量达到 12000 亿美元，按照 2007 年年底人民币兑美元的汇价折算后的金额约为 87600 亿元，占当年 249000 亿元的国内生产总值的比重超过 35%。我国出口规模巨大，增长快速，和世界经济增长有很大的关系，较好的国际环境为我国扩大出口提供了有利的条件。然而，美国次贷危机以及全球金融危机的爆发使得世界经济整体下滑，我国的出口受到了严重的阻碍。据统计，2009 年我国外贸进出口总额超过 2.2 万亿美元，同比下降 10%，而在全球金融危机爆发后的 2008 年 10 月、11 月和 12 月，我国出口货物的增长率则分别为 19.2%、-2.2% 和 -2.8%。这说明全球金融危机对全球实体经济的影响在加深，对我国外向型经济的影响在扩大。

出口的下降将以加速的模式影响我国的工业经济的发展。现代营销模式大多是以销定产，一旦出口受到影响，工业的出口交货值就会下降，进而导致整个工业的增长速度在下降。与此同时，我国的内需动力一直不足，其中重要的原因有制度方面的因素，如社会保障体系尚不健全；也有社会文化方面的因素，如我们中的大部分人更喜欢未雨绸缪而去储蓄，国外的那种信用消费模式至今很难令多数人接受；还有经济方面的因素，如我国收入分配差距不断扩大，而由于边际消费倾向递减的作用，富人的消费倾向一般较低。这样，单纯

从需求的角度来分析，在出口下滑与内需不足的双重作用下，我国经济增长很快表现出快速的下降态势就完全是在意料之中。

从20世纪90年代起，我国经济增长越来越多地依靠出口拉动，出口对GDP增长的贡献不断提高，到2006年已上升到接近40%的份额，因而中国经济逐渐转变成为以出口导向为特征的经济增长模式，也就是转变成为出口导向型经济。出口导向型经济如果不加以引导和调整，最终是会出问题的。例如，1987年日本出口导向型经济出问题，1997年东南亚出口导向型经济出问题，最终使日本及东南亚各国后来进入较长的经济衰退期。我国经济转向出口导向型经济之后，我们逐渐开始认识到了这种经济增长模式的弊端。

出口导向型经济造成我国出现了过大的贸易顺差，而且过大的贸易顺差也导致了过大的资本顺差，这也就是出现了我们所说的过大的双顺差。过大的双顺差标志着大量外汇流入我国，大量外汇流入我国迫使中央银行大量发行人民币收购这些外汇，结果使得我国通胀的压力一直很大。但同时外汇在我们手里又成了“烫手山芋”，例如我国以主权金融方式的对外投资，无论是对美国国债投资，还是对国外企业债务投资和股票投资，都因为美元贬值和美国经济出问题而受到巨大损失，也就是主权财富亏损。因此，我们很有必要将出口导向型经济转向为内需拉动型经济。

三、通胀下的中国策略

如果通货膨胀真的要来了，那么国家在通货膨胀中应该怎么办呢?

通常来讲，通货膨胀对国民经济发展的影响主要包括以下三方面：其一，对经济发展的影响。通货膨胀时物价上涨，使价格信号失真，容易使生产者误入生产歧途，导致生产的盲目发展，造成国民经济的非正常发展，使产业结构和经济结构发生畸形，从而导致整个国民经济的比例失调。当通货膨胀所引起的经济结构畸形化需要矫正时，国家必然会采取各种措施来抑制通货膨胀，结果会导致生产和建设的大幅度下降，出现经济的萎缩。因此，通货膨胀不利于经济的稳定、协调发展。其二，对收入分配的影响。通货膨胀的货币贬值，使一些收入较低的居民的生活水平不断下降，使广大的居民生活水平难以提高。当通货膨胀持续发生时，就有可能造成社会的动荡与不安宁。其三，对对外经济关系的影响。通货膨胀会降低本国产品的出口竞争能力，引起黄金外汇储备的外流，从而使汇率贬值。

从2000—2009年我国的物价形势来看，影响物价的主要因素是农副产品的价格和成品油的价格。扩大内需的十项措施中已经明确要提高粮食的最低保护收购价格。粮食收购价格上调对于提高农民的消费能力是有好处的，不过同时也压缩了粮食价格下降的空间。一旦全球经济特别是美国经济回暖，市场对资源类商品的实际需求将增加，这种情况下，泛滥的流动性必将涌入商品市场。在财富效应的示范下，更多的投资和投机资金将加盟其中，致使商品市场供小于求的失衡状态成数倍放大，使大宗商品的价格走向高潮、疯狂，以至泡沫破灭。

此外，2009年，中国政府向市场注入了大量的流动性，全年超过了10万亿元的天量信贷。再从美元的情况看，美国已经明确开动“印钞机”让美元贬值，只要票子多了，通胀

也就近了。当然，“种瓜得瓜，种豆得豆”，滥发的钞票，它就得贬值。在市场经济条件下，货币作为一种商品，它的价格也是由市场的供求关系决定的。美国利用霸权地位发行超级膨胀的美元，将导致美元泛滥，供过于求。

在这种经济形势下，党中央、国务院决定，对宏观经济政策作出重大调整，实行积极的财政政策和适度宽松的货币政策，出台了进一步扩大内需的十项措施。初步计算，实施上述工程建设，到2010年年底约需投资4万亿元。而在2008年第四季度就要新增1000亿元中央投资。新增的这么多投资必定要通过各种渠道到达个人手里并形成购买力，形成一定的消费能力，这个新增的消费能力很可能使物价应声上涨。

当然，面对物价上涨我们投资者要注意短期反通货膨胀政策和长期经济发展计划相结合，既要在短期内跟踪物价，维护自己的财产，又要着眼长远，适度提高自己的标准，加强对货币的保值、增值，通过调整自己的经济结构和实现收入的合理分配，达到根治通货膨胀的目的。当前看，我国社会主义市场体制还有待进一步完善，在物价高涨的特殊时期，国家的行政干预不能保证价格体系相对均衡，减轻老百姓的恐慌心理。但政府干预应也充分考虑社会各界的意见，使各方共同参与经济决策，共同承担责任。在干预过程中，要注意充分发挥大企业在保障供应和稳定价格中的重要作用。

同时，我们投资者也要注意，政府调控政在治理通货膨胀往往不以牺牲经济发展为代价，在公共投资和控制信贷方面，既要压缩不合理的投资项目，对一般性项目要限制发放贷款并提高贷款利率，又要确保有利于增加市场供给和保障有利于国计民生发展的项目在资金上的需求。松紧有度的组合政策既可避免投资和信贷过于庞大而导致经济过热，也能

保持经济的正常发展和社会稳定。一些国家的经验表明，本币升值有助于缓解输入型通货膨胀，提高老百姓的购买力，但本币升值过快会导致商品竞争力下降，出口减少，进而对生产和就业带来更大压力。所以，广大老百姓在知道了政府的动向之后，要合理制订自己的计划。

第六章　历史上的通货膨胀

一、通货膨胀简史

通货膨胀有着悠久的历史，无论古今中外，这种经济现象都时常伴随在一个经济体的左右。关于通货膨胀的解释有很多，例如，其中货币主义学派认为通货膨胀是一种货币问题，这一解释比较符合我们对历史的直观认识。下面我们看看历史上的通胀，这对我们加深通胀有很大好处。

西方最早的大规模通货膨胀发生在罗马帝国时代。在公元3世纪，罗马帝国开始从其巅峰状态跌落下来，之前的经济繁荣和福利过度透支了罗马的经济潜力。为解决财政困境，罗马皇帝们一开始还只是偷偷摸摸地在金属货币的缺斤短两上下工夫，但很快就明目张胆地往货币里“掺水”。戴克里先时代，“掺水”行为达到了最高峰，号称是银币的罗马货币，实际含银量只有5%。由于掺入的铅过多，这种“银”币流通不久就会发黑，以致彻底无法使用，连士兵们都要求其薪水用实物发放，拒绝接受“银”币。通货膨胀也造成了贸易的萎缩，人们只接受实物交易，甚至连高利贷都要以实物发放和偿还。罗马皇帝们“饮鸩止渴”式的通货膨胀政策，将罗马经济推向了破产边缘。

18 世纪初的法国，也经历了一场剧烈的通货膨胀。在铺张浪费、奢靡无度的“太阳王”路易十四死后，法国经济极度萧条，政府也因债务缠身而面临破产。为摆脱困境，法国推行“金钱魔术”，也就是通货膨胀。法国一开始只是贬值银币，后来又大规模发行纸币。由于纸币发行无度，最终大大超过了法国的金银所能提供价值保证的程度，从而引发了纸币的崩溃。法国民众群情激愤，几乎酿成革命。

至于中国，历代皇帝都精于用通货膨胀政策来解除财政困境，搜刮民间财富。比如汉武帝由于连年对匈奴用兵，造成巨额财政亏空，为解决财政困境，就曾经铸造五铢钱，遍收天下财富。以后的历代皇帝往往如法炮制，钱越铸越轻薄，汉朝末年，钱币泛滥，以至于人们拒绝接受钱币。三国时期，国小民穷的蜀国，甚至曾经铸造“直五百铢”钱币，当然其实际重量不过与五铢钱相当。现代考古也发现，古代王朝兴盛时，其钱币往往厚重一些，而衰败时，其钱币则往往十分轻薄，说明每到王朝衰败、财政吃紧时，皇帝们都会用通货膨胀这一招来搜刮财富。

第一次世界大战以后以及 1929 年的大萧条中，欧洲许多国家都经历了剧烈的通货膨胀，其中以德国的马克崩溃最为著名。由于物价飞涨，一条面包的售价动辄数千马克，但是普通人每天连一个马克都很难挣到。抗战时期的国民政府也面临严重的财政困境，导致法币滥发，法币急剧贬值。据说有一对夫妇在抗战前生了一个儿子，为了将来给孩子娶媳妇，这对夫妇决定将每年收入的一半存起来。抗战胜利后，孩子也长大了，这对夫妇无奈地发现，他们这么多年存下来的钱，只够给孩子买两个包子而已。这个故事深刻揭示了当时通货

膨胀的剧烈。在后来的内战中，法币彻底崩溃。

第二次世界大战以后，为稳定各国的货币、帮助各国战后重建，在美国和英国的主导下，建立起了布雷顿森林体系，使得金本位制得以重新确立。但是，各国很快就又开始经历通货膨胀，给金本位制带来沉重压力。1972 年，美元也彻底与黄金脱钩，西方各主要国家在这一时期都经历了剧烈的通货膨胀。即便在通胀有所缓和的 20 世纪 80 年代，美元仍然贬值 50% 以上。而以苏联为首的东欧国家，也在 1989 年之后释放其长期被冻结的通货膨胀压力。苏联卢布在其崩溃后贬值了数千倍。其实，自从有了纸币以后，通货膨胀已经成为现代经济生活中的常态。

20 世纪 80 年代末到 90 年代初，拉美多个国家也发生了剧烈的通货膨胀，其中以阿根廷最为著名。由于财政状况急剧恶化，阿根廷宣布停止偿还外债，开创了非革命状态下的国家信用崩溃的先河。而非洲的津巴布韦，更是把超级通货膨胀演绎到了前无古人的地步。2007 年其货币贬值 1000 倍，到了 2008 年，则贬值高达 15 万倍！早在 2007 年，津巴布韦最大面额的钞票，其实际价值已经低于印刷其的纸张的价值。2008 年 12 月 23 日，津巴布韦发行的最大面额货币为 100 亿津元；而到了 2009 年 1 月 16 日津巴布韦再次发行了一套世界上最大面额的新钞，这套面额在万亿以上的新钞包括 10 万亿津元、20 万亿津元、50 万亿津元和 100 万亿津元四种。津巴布韦在 2009 年 1 月的通胀率高达 231000000%。在 20 世纪 80 年代，大约 2 津元可以兑换 1 美元，而到了 2009 年 1 月则大约需要 250 万亿津元才可以兑换 1 美元！

每一个发生剧烈通货膨胀的国家，其背后都隐藏着极为深刻的政治、经济危机。然而，即便在正常的所谓繁荣昌盛的国家，通货膨胀也是司空见惯的事情，只不过相对温和许多而已。在世界已经完全进入信用货币时代的今天，通货膨胀已经是几乎每一个国家都无法摆脱的经济现实。津巴布韦的超级通货膨胀可以说是前无古人，但是世界经济状况一旦继续恶化，恐怕类似的后来者将会十分众多。津巴布韦的纪录，完全有可能被打破，我们拭目以待。

二、美国的教训

根据前文我们知道，既然通货膨胀是一种货币现象，那么货币就应该保持一个“适度”的流通量。诺贝尔经济学奖的获得者弗里德曼就一再强调，政府应该管理好货币发放速度。只要这一项工作做好了，一个国家的宏观经济就会在健康的轨道上运行。然而，这个“适度”的量既无法观察到，也无法计算出来。同时，一个使问题更加困难的现象是，一个国家的整体经济运行对货币流量变化的反应具有滞后性。有学者将这种滞后性量化后认为，增发的货币大约在一年半后才会引起物价上涨。然而，等到人们发觉物价上升再来控制货币流通量时，往往已经错过了最佳的治理时机。这使人们更难从物价变化上去判断当前货币流通量是多还是少。

对于发行“适度”的货币流通量，货币主义建议每年增加的货币发行量完全与国民生产总值的增加量成正比。这个理论认为每一元通货在一年内被使用的次数大体不变，或者说，通货的周转速度不变。因此，生产总值的增加，要有同样比例的货币增加来保证新增的产品有足够的支付手段能在市场上进行交换。货币主义甚至还认为，在一定条件下，通货量增加的百分比可以决定国民生产总值增加的百分比。虽

然关于货币的理论还有不少争议，但该理论确实揭示了过去大家所忽略的许多重要关系，使人们对货币与经济运行的相互作用，有了比以前更深的理解。

在20世纪80年代以前，美国用银行利率作为通货流通量的指标，这在相当长的一段时间内是有效的。因为利率上升说明市场对货币的需求较大，意味着需要增加流通中的货币量。但在市场经济中，利率是平衡储蓄和投资的风向标，当储蓄少而投资过多时，资金供不应求。此时，由于市场规律的作用使得利率上升，从而可以抑止过热的投资活动。可是如果用发行钞票来抵消利率的上升趋势，利率就不能抑制经济过热。这一调剂作用的丧失，曾使美国连年货币发行过量，进而发生两位数的通货膨胀率。如在1979—1981年，美国的通货膨胀率分别达到11.30%、13.58%和10.35%。

我们再来看看美国20世纪70年代末到80年代初的通胀吧。1979年是一个多灾之年，一系列的事件都预示着通货膨胀将大幅度上升。伊朗革命已经让世界石油供应有所减少，欧佩克又几次宣布了总额达50%的石油涨价，这种能源短缺情况无疑给通货膨胀的预期火上加油。而偏偏又在这个时候，宾夕法尼亚州哈里斯堡附近的三里岛核电站发生事故，使人们对能否过多地依赖核动力产生怀疑。全国对通货膨胀怨声载道，焦虑不安的卡特总统本来准备对全国发表讲话，结果突然取消，使人们对政府的信心发生动摇。后来总统总算对全国发表了电视讲话。在讲话中，卡特承认美国人在精神上有一种“信任危机”，承认自己犯了错误，没有提供好的领导，但表示要通过新的能源计划，不至于因能源危机而再次出现两位数的通货膨胀率和经济衰退。但是，这些政策并没有有力到能制止通货膨胀的程度。1979年的消费物价上涨率

高达 11.3%，创历史纪录。联邦储备委员会面对这种情况，采取了严厉的紧缩措施，包括大幅度提高贴现率，提高会员银行存款法定准备金，严格控制货币供应量，这些政策被称为“三管齐下”。在 1980 年到来时，美国政府下定决心要制服高通货膨胀这匹桀骜不驯的野马，继续采取各种严厉的紧缩措施，商业银行的优惠贷款利率一度上升到 20% 以上。这一年是美国大选年，卡特政府为了竞选连任的需要，人为地刺激经济，采取膨胀性经济政策，迫使生产回升，但这一措施带来了更为严重的经济后果，通货膨胀率又达到令美国人震惊的 13.58%。

在里根政府当政期间，在政府的各项措施中，紧缩性的货币政策对通货膨胀的抑制作用最大，使银行利率一直大大超过物价上涨的幅度，而且连续几年一直如此，以致高利率成为美国 20 世纪 80 年代上半期经济发展的一个重要特征。但是，这种遏制通货膨胀政策的代价也是极其沉重的，它使美国 1981 年的经济衰退变得十分严重，成为战后最严重的一次，一直持续到年底才结束。这种经济衰退表现在国民生产总值严重下降，失业率上升到了两位数，外贸逆差迅速扩大。为了制止通货膨胀，里根政府在经济严重衰退时，也不改变政策，而是基本上听任这一次周期性衰退自然过去。果然，经济从 1983 年开始回升，而里根政府对通货膨胀仍持十分警惕的态度，以防通货膨胀死灰复燃。然而，随着经济增长，通货膨胀却被制止了。

三、“一战”后的德国

我们都知道，第一次世界大战以德国的失败而告终，战

后的德国变成了一个满目疮痍的帝国。人们尚未来得及摆脱战败的沮丧和羞辱，严峻的生计问题就紧逼上来。德国在战争中丧失了总人口的10%和将近1/7的土地，而且还有每年1320亿金马克的赔款，相当于1921年德国商品出口总值的1/4。德国根本没有实力还这笔钱，法国就伙同比利时、波兰，毫不客气地进占了德国的经济命脉鲁尔工业区，这就是“鲁尔危机”。

真正的灾难开始了。随着印刷机全速开动，1921年1月31日，世界金融史上前所未有的恶性通货膨胀开始笼罩德国经济。美元与马克的比率从1921年1月的11∶64，到1923年11月已经崩溃为1∶42000亿。如此骇人的通胀程度，即使到今天，也只有1946年的墨西哥和1949年的中国可以相提并论。农产品和工业品生产都在急剧萎缩，市面上商品短缺！1923年《每日快报》上刊登过一则轶事：一对老夫妇金婚之喜，市政府发来贺信，通知他们将按照普鲁士风俗得到一笔礼金。第二天，市长带着一众随从隆重而来，庄严地以国家名义赠给他们10000亿马克——或者半个便士。

希特勒有句经典的话提到了他对通货膨胀及其原因的看法：“政府镇定沉着地继续印发这些废纸，因为，如果停止印发的话，政府就完蛋了，因为一旦印刷机停止转动——而这是稳定马克的先决条件——骗局马上就会暴露在光天化日之下。如果受惊的人民注意到，他们即使有几十亿马克，也只有挨饿的份儿，那他们一定会作出这个结论：我们不能再听命于一个建筑在骗人的多数决定的玩意儿上面的国家了。”

货币崩溃的根源在于沉重的赔款负担，德国货币当局当然清楚，一切金融改革的举措如果不解决好这个问题，只会引发更可怕的动荡。所以货币当局双管齐下：一边寻求外国

金融资本的支持，一边改革货币，用新的地产抵押马克（Rentenmark）取代极度滥发的旧马克。欧洲的邻居和对手们都不愿意提供帮助，德国只好把目光投向美国。1924 年，以美国银行的查尔斯·道威斯为首的委员会推出了“道威斯计划”，1924—1928 年总计 8 亿美元的贷款流向德国，帮助它偿还凡尔赛条约的赔款，利息收益直接投资于德国市场。同时，国际联盟调停法、比两国撤军，接管鲁尔工业区。新马克以 1∶30 亿的悬殊比率兑换旧马克，到 1924 年 8 月这个过程基本完成，马克汇率开始在国际市场上稳定下来，国际投机者逐渐停止了对它的攻击，但是这一状况并没有得到根本的改善。

在 1929—1933 年的大危机中，受打击最严重的也是德国，因为它的经济没有缓冲的余地，它失去了所有海外殖民地、势力范围和海外投资；除了庞大的国外债务，另外还要交付大量的战争赔款。这个时候的德国人民处于饥寒交迫之中。许多人对这个世界绝望了，仅柏林每天就有 60 多人自杀，这还不包括冻死和饿死的。德国政府对此采取了什么措施呢？对外宣布停止赔款，对内把纳税额提高了几十亿马克，而且还大量削减工资、救济金和养老金。

在经济危机之中，德国人民遭受了极大的苦难，没有工作，没有粮食，走投无路。德国人民对外国帝国主义、对本国政府极为不满，德国各地斗争、骚乱不断发生，德国处于严重的动荡之中。正是在这种情况下，希特勒的纳粹党建立了，并利用了人民群众的不满情绪，掀起了对内反对民主制度和共和国，对外要实现民族复仇的浪潮。从某种意义上讲，这也是通胀惹的祸。

四、津巴布韦通胀

最近几年发生在津巴布韦的超级通货膨胀则又是一个典型案例。津巴布韦1980年获得完全独立，由于农业发达，矿产资源丰富，津巴布韦的经济条件在南部非洲来说，还是相当不错的。但是由于连年的经济政策失当、高层官员腐化严重、种族矛盾激化等原因，其经济条件持续恶化，资金和技术人才流失严重，最终在20世纪90年代末引爆了财政危机。陷入财政困境的津巴布韦政府同样也严重依赖印钞机来解围，钞票越印越多。为遏制纸币的滥发造成的物价上涨，津巴布韦同时还采取了严厉的价格管制措施，企图双管齐下，既享受多印钞票带来的好处，又能让物价保持平稳。此外，毕业于伦敦经济学院的津巴布韦总统穆加贝还坚信可以通过多印钞票来降低价格，于是，印钞机的开动愈加疯狂，到了近些年甚至一度还造成了印钞纸短缺，不得不从南非大量进口。在价格管制措施的帮助下，起初物价上涨并不明显，但是由于津巴布韦国内经济的持续恶化，到了2004年，价格管制措施开始失去了效力，物价迅速上涨，长期积累的通货膨胀压力开始集中释放。2006年，津巴布韦的年通胀率达到了1042.9%，此后形势更是急剧恶化，2007年，津巴布韦的通货膨胀率达到了100000%以上，2008年则达到了15000000%，到2009年，津巴布韦的通货膨胀率则达到了231000000%。尽管津巴布韦也实行严格的外汇管制措施，但这些管制措施在超级通货膨胀面前失去了效力。2009年1月，1美元可以兑换250万亿津元。津元钞票的实际价值迅速跌落到了连印刷它的纸张的价值也不如的状况，人们购买

日常用品，动辄需要提着数十公斤重的钞票。所以津巴布韦频繁发行新币，其面值也越来越夸张，最高面额甚至达到了100万亿津元，这个面额即便是中国人拿来烧给祖先的冥钞，也难望其项背。现在的津巴布韦，几乎人人都是“亿万富翁”，但事实上，却是世界上最贫穷的国家之一，而津巴布韦的经济，已经长期处于事实上的崩溃状态。到目前为止，津巴布韦的超级通货膨胀仍然没有结束的迹象。2009年，津巴布韦宣布一次性从其纸币面值上删去12个零，也就是说将1万亿津元变为1津元，但是这种数字游戏对于问题的解决几乎毫无助益。

德国时期的超级通货膨胀和今天津巴布韦的超级通货膨胀有着相似之处，但也有着根本的不同。从表面上看，二者是相似的；但究其根源，二者却有天壤之别。造成前者的主要原因是战争创伤以及赔款因素造成的资金大量外流，这并非是人为的经济政策造成；而造成后者的原因，主要还是人为的经济政策错误。后者因为还经历了长期的价格管制，积累了巨大的通货膨胀压力，在管制失效后，发生了集中式的爆发。所以，不论是从持续时间上，还是对经济的损害程度上来看，后者都要远远超过前者。

目前，津巴布韦国内正在逐步走向政治和解，西方国家对其的制裁也开始松动，但其经济状况依然没有太多改善的迹象。可以肯定的是，如果津巴布韦不能实现深刻的国内改革，以及从外部获得大量的资金注入，那么其国内通货膨胀的治理就很难取得成效。

五、“休克疗法”的埋单者

从历史上来看，南美走过了非常坎坷的经济和社会发展历程，进入20世纪后半叶之后，南美的社会混乱和发展落后的问题逐渐凸显，这些国家的人民因此也就尤为渴望改变自己国家的命运。玻利维亚在南美尤为典型。在经历了长期的独裁暴政之后，玻利维亚在1952年建立起了左翼政府。但是左翼政府的经济政策也遭遇了重大的失败，最终导致了军事政变的发生。军人集团推翻了左翼政府，建立起了右翼的军事独裁政权。但是玻利维亚的军人政权没有像智利的皮诺切特那样进行激进的经济自由化改革，而是维持了左翼政府时期的矿产国有化政策以及价格管制和生活必需品补贴的政策，控制和指挥着全国的经济运行。

玻利维亚的经济在1980年以后，外债压力很大，通胀形势严峻。尽管存在严厉的价格管制措施，但是1984年的通货膨胀率仍然高达14000%，1985年的通货膨胀率则达到了24000%。在这种经济形势下，玻利维亚也最终在1984年结束了军事独裁统治。在最终结果出来之前，国家就已经开始考虑如何收拾玻利维亚的经济烂摊子。为此，国家设立了一个绝密的经济团队，研究帮助玻利维亚摆脱经济困境的方案，甚至很多内阁成员都不知道这个团队的存在。经济学家认为玻利维亚的经济现状类似于癌症病人，需要激进、彻底的治疗方案才能使玻利维亚获得经济健康。结果，政府制定了一套包括私有化、解除价格管制、取消补贴在内的激进改革方案。这套方案被提交内阁后，内阁部长们大惊失色。按照这套方案，所有的粮食补贴都将被取消，油价提高3倍，计划

部长对此惊恐地表示："如果这个方案公布，老百姓很可能冲进来杀死我们！"国际货币基金组织代表不无调侃地表示：一方面，这个方案正是国际货币基金组织梦寐以求的方案；另一方面，如果这个方案失败，将是严重的经济倒退。好在，玻利维亚政府最终放弃了这套方案，并重新实行新的经济政策。

据此，玻利维亚的经济改革最终得以进行下去，通胀治理的效果也是立竿见影的，两年之内，通胀率就急剧下降到了10%左右的相对温和的水平。经济在经历了短暂的负增长之后也重拾增长的步伐，玻利维亚严重的债务问题得到了缓解，并最终摆脱了外债。"休克疗法"的成绩看起来非常耀眼，但实际上是玻利维亚的下层民众承受了绝大部分的改革成本，从而陷入了普遍失业和极度贫困的绝望境地，而少数经济精英则在这场改革中大发横财。失业率的上升和贫困，使得玻利维亚一度被遏制的毒品种植及贩卖活动重新泛滥，到90年代中期，有上百万人直接或间接靠毒品种植和贩毒谋生。下层人民的苦难被忽略了，玻利维亚的"耀眼"经济数据让官员和经济学家们欢呼雀跃，他们认为"休克疗法"在玻利维亚取得了巨大成功。更具悲剧性意义的是，玻利维亚的所谓"成功"，成为后来苏联国家和东欧国家广泛实施"休克疗法"的依据，从而使得多达几亿的民众饱尝"休克疗法"之苦。

正如前面所言，"休克疗法"在治理通货膨胀方面其效果是毋庸置疑的，但是"休克疗法"几乎必然使得广大下层民众成为改革痛苦和成本的主要承担者，也必然造成少数精英一夜暴富、广大普通老百姓陷入失业和贫困的局面。这使得"休克疗法"之后的国家，社会结构异常脆弱。玻利维亚

的经济改革“成功”的真实面目充分暴露之后，这个国家重新转向了左倾，莫拉雷斯当选总统后，玻利维亚开始大规模重新实行国有化政策和经济管制。“休克疗法”在俄罗斯也遭遇了惨重的失败，广大百姓饱尝痛苦，却并没有以此换来所谓“阵痛后的经济复苏”。客观地讲，经济改革带来的痛苦不能完全归咎于“休克疗法”，事实上这种痛苦早已被历史上的经济扭曲所造就；接近僵死的经济必然需要这样那样的痛苦改革。但是“休克疗法”将绝大多数改革的痛苦代价都丢给广大老百姓来承担，同时给少数精英大开了巧取豪夺的发财之门，这不仅在经济上，而且在道义上也使得“休克疗法”注定走向破产。合理的经济改革，应该让全社会公平地承担改革的成本，也应该让全社会公平地获得改革的收益，否则，这种改革无论在经济上还是道义上都会陷于失败。

六、通胀在中国

改革开放以来，我国实行计划经济的市场转轨，经济也常常表现出各种波动，而其中通货膨胀问题成为最引人关注的一大经济问题。回顾改革开放以来的经济发展，我国明显经历了两次比较严重的通货膨胀过程：第一次的爆发点是在1988年，当年的通胀率达到18.8%，创新中国成立以来通胀率新高；第二次是在1994年，年度CPI高达24.1%，再次刷新通胀的最高纪录。分析发生的原因，这两次严重通胀都属于需求拉动型的通胀。从这两次通胀发生的时期里的经济发展来看，在1988年和1994年附近，通胀高涨都伴随着GDP的加速增长。同时，我国改革开放之后的十余年里，政府一直在陆续放开计划经济时代的价格控制，而这一过程就伴随

着一波又一波的通胀。因此，从这两次通胀发生的过程可以看出，我国通胀的发生存在着由于经济制度变迁诱发的体制方面的原因。

如果从货币流通量的角度来考察这两次通货膨胀的发生，结果又会怎样呢？

从1986年开始我国加大财政支出，不断扩大政府财政赤字，特别是1988年实行财政的“包干”体制以后，社会的需求进一步猛增。而工资改革、职称评定及随之而来的基本建设投资的大规模升温，以及乡镇企业以银行信贷形式的大批出现，导致了市场对货币的大量需求。为满足投资的剧增、企业的资金短缺以及政府的财政赤字问题，实际上我国货币连年超经济发行。1988年，流通中的基础货币M0的增幅已达到46.7%，而广义货币M2也有20%以上的增幅。同样，在1994年高通胀发生前后，也伴随着货币的超额供应以及由此带来的高速增长的投资。仅在货币供应方面，流通中的基础货币M0在1992年和1993年分别达到36.4%和35.3%的同比增速，广义货币供应M2则在1994年达到34.5%的增速。

离我们最近的一次通货膨胀发生在2007年。在2007年之前的一段时期内，我国CPI指数较低，而国民生产总值已连续4年保持2位数的高速增长态势，整个经济处于“高增长、低通胀”的理想状态。2007年上半年，我国物价水平也没有出现大幅度上涨的迹象，通胀程度从1月的2.2%小幅攀升至5月的3.4%。因此，这段时间通胀形势并未引起政策部门的足够重视。然而，从6月开始，CPI指标大幅上升，从6月的4.4%到11月的6.9%，创下了11年来新高，12月虽有微降，但CPI仍达到6.5%的高位。2007年全年CPI涨

幅达4.8%，比上一年提高了3.3个百分点。PPI在全年大部分时间均保持较平稳的增速，在年底突然加速增长，10月达3.2%，11月上升到4.6%，12月继续攀升到5.4%，创下自2005年9月以来28个月的新高。全年PPI上涨幅度达到3.1%。

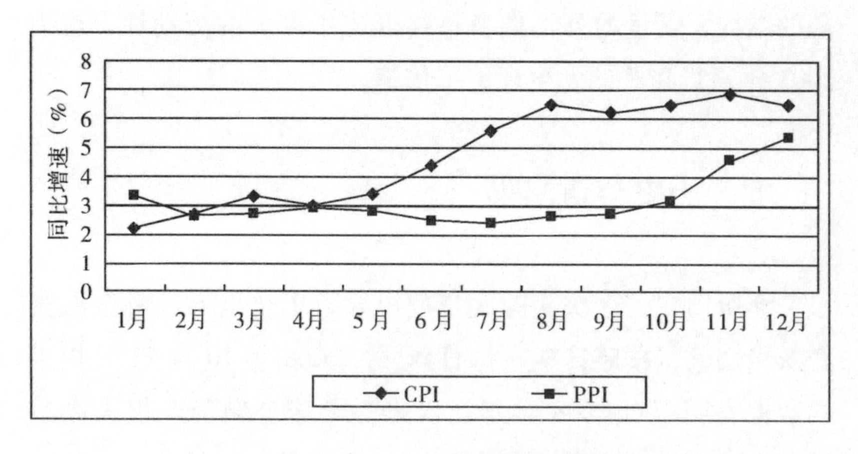

2007年CPI与PPI月度同比增速

资料来源：国家统计局。

在2007年中期，通胀发生的最初阶段，政府误将物价上涨归因于结构性的问题，认为只要平抑了食品价格，就能够控制通胀上涨。虽然在这段时期，货币政策也开始被更为频繁地运用，如央行多次上调人民币存款基准利率以及提高存款准备金率，但总体而言，这段时期执行的仍是相对“稳健”的货币政策；相反，较为重要的信贷增长却并没有得到有效控制。截至2007年9月末，人民币贷款增长已达3.36万亿元，超过了央行年初设定的3.3万亿元的目标。在这种情况下，经济体内的流动性在持续增加，政府调控政策的效果也转瞬即逝；与此同时，民众的高通胀预期却已悄然形成，并最终使通胀重新调头向上。直到2008年上半年，这场通货膨胀的水平继续向上攀升。2008年1～7月的CPI增幅分别

为7.1%、8.7%、8.3%、8.5%、7.7%、7.1%和7.9%。

从近年来我国发生的这三次较为严重的通货膨胀可以看出，每次通货膨胀的发生都伴随着流动性过多的投放。尤其是2007年发生的这次通胀，其货币基础实际上早在2007年之前就已经表现出来了。我国多年来在国际收支上保持双顺差的结构，大量的外汇储备最终形成了庞大的流动性，也为2007年通货膨胀的发生埋下了伏笔。

七、历史会重演吗

众所周知，这次美国次贷危机导致了全世界巨额金融资产灰飞烟灭，按照日本《每日新闻》2008年10月11日提供的数据表明，自2008年年初以来，全球金融资产损失高达2700万亿日元（约合27万亿美元）。但是，包括美国、欧洲各国以及东南亚各国等世界各国在次贷危机中的大规模注资救援和降息等操作已经向市场上投放了巨额货币，在未来一定时期，政府和中央银行之前注入市场的所有这些基础货币必将发挥推动通胀的作用。这也使得世界各国开始密切关注这一潜在的经济运行隐患，通胀警钟开始在世界范围被拉响。国际清算银行在2009年7月底发布的年度报告中，敦促各国政府在经济复苏露头时立即停止经济刺激项目，以避免扭曲市场和增加通货膨胀风险。美联储主席艾伦·格林斯潘近日在《金融时报》中的一篇文章中称，全球股市的向好显示了经济复苏的信心，这将是十分巨大的推动力，但如果想要“实现美妙前景”，就要“致力消除短期的通缩威胁和更远期的通胀威胁”。很明显，通胀将成为未来更大的挑战。

从2008年下半年开始，全球掀起降息浪潮，各国都为增

加流动性大幅下调利率。与下调利率相比，购买国债这一更为直接的变相印钞行为进一步加剧通胀预期。2009 年 3 月，美联储决定购买 3000 亿美元长期国债、7500 亿美元抵押贷款债券、1000 亿美元机构债券。而在此前，英国、瑞士、日本央行都已采取量化的宽松政策。当前，日本、澳大利亚的利率也都处于历史的低位。而在中国，2009 年第一季度公布的新增信贷量为 4.58 万亿元，已达 2009 年新增信贷 5 万亿元目标的九成以上。纵观全球，各国都在大肆释放流动性，但这种“不差钱”的表象却可能将世界推入新一轮的通胀之中。

对我们老百姓来说，强烈的新一轮通货膨胀的预期，也必然影响资产的市场价格。2009 年，有色金属、煤炭、石油等大宗商品价格反弹。对于股票市场而言，通胀和股市并不是一个简单的驱动关系。就历史情况而言，在通胀的不同时期，股市表现并不一致。总体而言，在通胀到来之前以及通胀初期的一段时间，股市表现往往会有一定幅度的上涨；但是当通胀走高之后，市场变得担忧起来，下跌或者盘整出现，这是各国股市大体上表现出来的现象。从我国长期的经济发展潜力来看，房地产业仍将在未来较长时期作为国民经济的支柱产业，对整个中国经济的发展具有举足轻重的作用，房地产仍然是最好的抵御通胀的投资产品。因此，有分析人士指出，通胀预期往往催生房地产市场的火热，反映在资本市场上，就是房地产板块股票的上涨。

令人们更为担忧的是，如果增加流动性却并没有起到预期的经济效果或效果微小，那么发生滞涨的可能性就非常大。2009 年，在“全球经济：困境与转折”研讨会上，一些专家指出，今后几年，世界经济增长速度会维持在一个比较低的

水平。同时，由于各国政府为了“救市”释放了大量流动性，经济可能陷入“滞涨”。分析人士指出，为了降低通胀风险，各国政府在经济好转时应该做好及时回收流动性的准备。

(此章的第一点、第四点、第五点引用了鹭江出版社2009年12月出版的《金融定成败：美元陷阱及人民币未来》一书的相关内容，在此对该书作者丁一先生表示感谢。)

第七章　通胀中大师的作为

一、凯恩斯如是说

关于经济中的通货膨胀，凯恩斯在他的《通论》一章中提出了适度通货膨胀的理论。在他看来，温和的通货膨胀有助于经济的良好发展。从目前各国经济政策的制定与实施来看，大部分经济体都借鉴了他的这一主张。他通过研究货币数量变动对需求、产量、就业量、物价等多种因素的影响，把价值论与货币论结合起来，并从生产与流通的结合上、货币与生产过程和交换过程物价的联系上论述了他的物价理论，建立起了一个生产货币或货币经济理论体系。凯恩斯对传统的货币数量论作了重要修补和重新表述。他否定了早期货币数量论者关于“任何货币数量的增加都会引起通货膨胀”的观点，认为货币数量变动直接影响物价同比例变动只是充分就业之后才可能产生的一种特殊情况。而在充分就业之前，货币数量变动对一般物价水平的影响是间接的。对于我们老百姓来说，这个过程可以描述如下：货币数量增加后，通过流通偏好的减弱、增加投机需求来影响利息率降低，从而使投资量增加，再通过乘数作用，使有效需求（投资需求和消

费需求）成倍增加，有效需求变动又引起产量、就业和收入成倍增加。这时，随着就业量变化，生产成本的边际成本也发生变化，进而引起物价自动调整，最终影响一般物价水平发生变动。

同时，凯恩斯指出，有效需求变动引起物价变动，并非说两者必然呈反向变化，因为有效需求变动并不与货币量变动保持精确的比率，物价变动也并不与有效需求变动保持精确的比率。因此，有效需求变动会一部分影响总产量和总就业量，一部分影响一般物价水平。他认为，在资源有充分的供给弹性下，货币量增加引起有效需求增加，进而主要引起产量、就业量增加，其增长率远远大于物价水平上涨幅度，这时不会产生通货膨胀；而当达到充分就业后，多发货币引起的有效需求增加就会全部用来提高物价，引起"需求拉上型通货膨胀"，而不再刺激产量与就业增长。一个极端的情况是，当资源供给和生产已完全无弹性时，如有效需求与货币数量同比例增加，则货币数量的任何增加都会引起物价同比例上涨。因此，凯恩斯不同意任何货币数量的增加都具有通货膨胀的观点。认为不能把通货膨胀一词仅仅解释为物价上涨。而货币数量的增加是否具有通货膨胀性，则要视经济体系是否达到充分就业而定。

二、奇怪的菲利普斯曲线

20 世纪 50 年代中期，菲利普斯通过研究英国 1861—1913 年的经验数据发现了货币工资变化率与失业率之间的负向关系，这一关系也就是我们常说的传统的菲利普斯曲线。通过实证研究，菲利普斯发现：第一，名义工资的变动率是

失业率的递减函数；第二，即使当名义工资的增长率处在最低的正常水平，失业率仍然为正（菲利普斯统计的失业率为2%～3%）。下图中U点处的失业率为自然失业率。

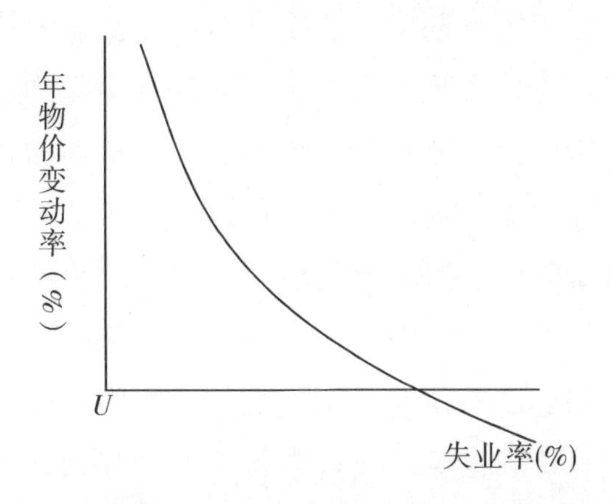

反映名义工资变化率与失业率关系的传统菲利普斯曲线

菲利普斯曲线说明了几个重要的观点：第一，通货膨胀是由于工资成本推动的，这就是成本推动型通货膨胀理论。菲利普斯正是根据这一理论把货币工资变动率与通货膨胀率联系了起来。第二，承认了通货膨胀与失业间此消彼长的交替关系。这就否定了凯恩斯关于失业与通货膨胀不会并存的观点。第三，当失业率为自然失业率时，通货膨胀率为零。

长期以来，菲利普斯曲线所阐述的经济学意义被大多数经济学家所接受，而且当时许多关于失业与通货膨胀之间的关系，经济学家并没有一致结论，直到20世纪70年代，这一神话才被打破。20世纪70年代，美国发生了严重的通货膨胀，然而伴随而来的是生产的停滞和失业率的上升。这种失业率与通货膨胀率都处于较高水平的现象被称作“滞涨”。很显然，“滞涨”局面的出现，使失业与通货膨胀的交替关系消失了。后来的经济学家在对这种现象解释的同时，也不断对传统的菲利普斯曲线进行修正。在众多的解释中，货币

主义学派和理性预期学派的解释更为合理，因此也更容易让人们接受。

货币主义用“货币幻觉”来解释菲利普斯曲线，这两种现象都是存在于短时期中。“货币幻觉”指工人错把名义工资的提高误认为是实际工资的提高而增加劳动力供给，而雇主会认为他所生产的那种产品价格上升，从而增加工人的雇佣量。在此基础上，货币主义学派认为，传统的向右下方倾斜的菲利普斯曲线在短期内仍然是成立的，也被称为短期菲利普斯曲线；而在长期中，工人和雇主都将根据实际发生的情况不断调整自己的预期，使预期的通货膨胀与实际发生的通货膨胀相一致。这时，通货膨胀就不能起到减少失业的作用。这意味着失业率完全不受通货膨胀政策的影响，弗里德曼称之为“自然失业率”。这时的菲利普斯曲线成为一条从自然失业率出发与横轴垂直的线，即长期的菲利普斯曲线。以此，货币主义学派指出，以引起通货膨胀为代价的扩张性的财政和货币政策在长期中并不能减少失业，宏观经济政策每一次都只能暂时有效，下一轮再想增加就业，除非以更高的通货膨胀率为代价。

理性预期学派采用理性预期的方法来解释菲利普斯曲线，即假设预期值与实际发生的值总是一致的。在这种总是能够理性预期的情况下，无论是短期还是中长期，预期的通货膨胀率与实际发生的通货膨胀率总是一致的，从而也就无法以通货膨胀为代价来降低失业率，所以菲利普斯曲线始终为一条从自然失业率出发与横轴垂直的线，即失业与通货膨胀始终不存在交替关系，宏观经济政策始终无效。

我们可以看到，无论是货币主义学派还是理性预期学派，都将“滞涨”和传统菲利普斯曲线失灵归因于政府的经济干

预。他们都认为，正是政府对经济的干预措施，使得通货膨胀攀升的同时，失业率却并没有降下来。

三、非理性繁荣

我们都知道，对于金融市场的过度繁荣的现象通常是用“泡沫”一词来形容的，但这词却并没有准确反映这种特定状况的根本特征。“非理性繁荣”一词最初是在 1996 年被提出来的。时任美国联邦储备委员会主席的格林斯潘在一次讲话中，用“非理性繁荣”一词来形容股票投资者的行为。格林斯潘的这次讲话，引起了世界的关注，股市也开始大幅度下滑。而后，“非理性繁荣”再次掀起轩然大波，主要是源于美国耶鲁大学经济学教授罗伯特·希勒在 2000 年出版的《非理性繁荣》一书。希勒教授在该书中指出，当时美国股市的繁荣景象是“非理性”的，股市泡沫即将破灭。此言一出，股市即应声而下，“非理性繁荣”一词也因此扬名天下。一般而言，繁荣即股市上涨带来的景象，是客观的，它反映了经济增长带来的财富效应。但是，这种繁荣由于股市自身的原因而脱离了实际，特别是在投资者的想象力被强化的情况下，股市繁荣便失去了节制。应该引起人们关注的是，股市的“非理性繁荣”似乎是一种常态，它可以长期存在而一般投资者却毫无知觉。

正如引发本次金融风暴的美国次贷危机。从本源上说，次贷危机根本性的问题是心理问题，因为所有这一切几乎都是泡沫。危机的产生不是因为天气影响或者火山爆发，而是因为没有预见到那些其实已经非常明显的风险——那种建立在对收益的过度追逐上的“非理性繁荣”，人们买进了一个

增长的泡沫。但是历史证明，没有哪一个泡沫最终不会破灭，那只是时间问题。

我们知道，货币供应量的增长并不一定表现为消费物价指数即CPI的上升，因为经济循环中有两个通货膨胀，二者之间的关系可以比喻为水池和水桶。货币供给如同往水池里注水，池子里的水多了，水桶里的水却未必同时增多，这就出现了两个通货膨胀的概念：一个是水池里的通货膨胀，另一个是水桶里的通货膨胀；前者是经济学家关注的通货膨胀，后者是统计学家关注的通货膨胀；前者影响在水池里生活的群体，后者则影响在水桶里生活的群体。两个群体是两个阶层的生存空间，水池里人少资产多，水桶里人多资产少。

消费物价指数不升，说明超额货币没有流入水桶里，那么水池里的通货膨胀就会由于超额货币的流入而上升。水池里面有什么呢？答案之一：银行坏账形成的金融“黑洞”，这是当年麦金农教授暗示的“迷失货币”；答案之二：股市楼市形成的资产泡沫，这是我们看到的股价、房价螺旋上升；答案之三：奢侈品消费的非理性上升，这是媒体关注的“美女经济”和极少数“富二代”的挥霍浪费；答案之四：货币输出到其他国家，这是美国经济独享的货币优势，中国只有约1.5%的货币互换额度可以类比；答案之五：基础设施投资驱动的经济增长，这是中国特色的投资驱动型经济增长，即高通胀、高投资、高增长的“三高模式”。

在上述五个流向中，银行坏账与货币输出可忽略不计，水池里的超额货币就简化为三类：资产价格、高档消费和政府投资。超额货币被分流到水桶外面，成为驱动投资和消费的力量，部分体现为资产价格的非理性暴涨。超额货币驱动股市楼市的繁荣，我们称之为流动性充裕的投资环境，酝酿

着一个新的经济循环：股价破位上升，3～6个月后传导至楼市；楼价持续上升，3～6个月传导至房地产投资；“地王”频现，3～6个月传导至房地产的关联行业，50～60个行业因此受益，又通过就业的收入效应拉动消费。

在现代经济中，股价、房价螺旋上升，创造了一个新的财富循环，该循环的支柱是货币流量和实体经济。人们常说“发纸救不了经济危机”，这句话只说对了一半。的确，只靠“发纸”当然不行，但是超额货币可以通过多条渠道，直接或间接驱动投资和消费，由此产生了货币流量与实体经济的互动，进而通过乘数效应刺激经济，创造就业，把经济危机消化在水池里的通货膨胀之中。这就是凯恩斯主义经济学的药方：反萧条的密码就在于利率与货币。

区分了水池和水桶的通货膨胀，我们就要选择两种生活方式，参与两个生存空间的博弈。如果你的全部经济活动有90%发生在水池里，你就要面对16%左右的通货膨胀，在投资理财市场中博弈，并接受“富贵险中求”的生活方式；如果你的全部经济活动有90%发生在水桶里，你就是受保护的阶层，于人于己都应该努力走出水桶，为社会减轻负担。

总而言之，股市、楼市的非理性繁荣，背后是水池里的通货膨胀。音乐家看建筑，称之为凝固的旋律；投资家看建筑，称之为凝固的货币。人们常常只看到股市、楼市的财富，却看不到周期性泡沫破灭的风险，因为人性使然，信息偏导，赚钱的人到处忽悠，赔钱的人不爱说话。

第八章 通胀环境的新思维

一、你不理财，财不理你

我们今天已经看到，在经济社会快速发展的同时，收入分配差距越来越大。当然，这种悬殊的贫富态势的形成，存在很多原因。但是当我们抛开外部的影响因素之后，就人与人的比较而言，穷人和富人又有怎样的不同呢？假设所有人都回到同一个起点，大家拥有的财富一样多，那结果会是怎样呢？据相关方面的学者推算，目前，世界上95%的财富掌握在5%的人手中。更为让人惊讶的是，世界上有1%的人拥有50%的财富。如果把所有的财富平分，5年之内，50%的财富仍然要回到那1%的人手中！有人会问，难道这是命运安排的吗？当然不是，命运掌握在每个人手中。决定你手中拥有财富多寡的，不是知识，也不是理性，而是你潜意识中的理财观念。

推销理财产品的营销人员经常说的一句话是，“你不理财，财不理你”。如果你对财富的理解只是局限在商品交换的一部分，每月领取工资，然后消费，而与理财毫无关系，那么你很快就会发现，自己的手头变得越来越紧张，也可能马

上成为“月光族”中的一员。要是碰上较为严重的通货膨胀，你的财富只会不断地缩水。能够改变你的困境的方式可能只有主动去理财，这也是为什么世界上1%的人能够拥有50%的财富的重要原因。只有把财富看成是一种资本，让财富再创造更多的财富，你的财富才能不断地积累。

主动理财不等于盲目理财，理性投资才是创造财富的根本。投资者必须在充分了解理财产品的特性、成本以及获利能力和方式，充分估计风险的前提下，再进行投资。草率行动是理财之大忌。

二、你可以跑不过刘翔，但你一定要跑过CPI

通货膨胀的严重危害之一，就是让人们手中的财富快速缩水。一位经济学家就这一现象作了这样的比喻：“同样的钱数，昨天你本来还可以买一套房的，今天你却只能买一个客厅了，而明天你将注定只能买一个阳台。”因此，当通货膨胀来临的时候，财富保卫战也随之吹响了战斗的号角。或许你不喜欢运动，但你的财富却一辈子都在赛跑，而且这是一场长达几十年的“马拉松”比赛。这场比赛悄无声息，甚至不管你是不是愿意参加，而你的对手就是CPI。2007年，当通货膨胀再次降临到中国民众头上的时候，市场上流行的一句话就是：“你可以跑不过刘翔，但你一定要跑过CPI。”也就是说，我们的收入如果在通货膨胀时期的增速能够超过物价水平的上涨速度，那么通货膨胀也就不足为惧了。

我们来算一笔这样的账，如果在过去的1年里，CPI上涨了5%，意味着你的生活成本比1年前平均上涨了5%，那么也就意味着一年前的100元纸币，现在却只能购买价值为

95 元的商品或劳务。换句话说，当物价上涨的时候，你手里所持有的现金的购买力在下降。很多人认为，存款放在银行很保险，但是这也仅仅是在假设银行不会倒闭的情况下的“保险”而已，却并不能“保值”。尽管你的存款的“面值”没有改变，但是它的“购买力”却在下降，你的财富悄悄地被吞噬了，而你还丝毫没有察觉。至于你所得到的银行利息，在通货膨胀面前将完全显得微不足道。这个时候，你唯一要做的就是要提高你的收入水平，减少甚至完全抵消物价上涨带来的财富萎缩。

在最近的金融危机当中，随着各国央行斥巨资救市的政策逐步展现成效，大多数人更为担忧的是随后几年的通货膨胀。不管通胀离我们有多远，人们对其后果总是心有余悸。虽然如今的老百姓收入水平和一二十年前不可同日而语，人们对粮食、日常消费品的价格上涨也没有过去那么敏感，但是做好应对物价上涨之势的准备是完全必要的。一场与新一轮通货膨胀的比赛即将开始，你准备好了吗？

三、理财不是节俭

有些人误以为节俭就是理财，这就严重扭曲了理财的内涵。实际上，正确的理财观是对资金进行合理的分配。我们经常会看到一些这样的人，他们寻找较高薪水的工作，然后为了退休而尽量节省每一元钱。在他们的意识里，这便是为未来的理想生活而做的努力。这固然是一种美德，但同时也是在以现在的美好生活作为代价。更为重要的是，谁将分享你的闲暇时光？繁忙工作的一个代价就是没有时间陪伴朋友和家人，这是在现代社会中，伴随着经济的快速发展，大多

数人所共有的生活状态。

科学合理地理财才是正确的。理财是理一生的财，也就是个人一生的现金流量与风险管理。要依据每个人的具体情况，尤其是财产状况，还有支出情况，拟订切合实际的理财规划，确立长期可行的理财策略。在现代社会，我们要树立“时间就是金钱”的意识，像那种为了省一点钱，而不惜浪费大量宝贵时间的做法应该坚决避免。节俭或许能够成就一个人的好品质，却不是一种好的让你的财富保值增值的方法。

第三篇

保卫你的财富

第九章　风险偏好者的天堂——股市

一、股票收益 vs 通货膨胀

经历了 2008 年席卷全球的金融危机后，许多人对股票投资开始心存疑虑。不过，如果认真分析经调整通货膨胀后的英美 300 年股市走势图，我们依然能够感受到股市的魅力。300 年来英国人民和美国人民面对了战争与和平、繁荣与萧条、危机与动荡、技术的迟滞与日新月异，但是在下页图中，股票市场的收益是任何一种分析和想象力也难以企及的。

证券市场的历史拐点能造成繁荣与崩解，这是人类进程的一部分，但又充满梦幻般的色彩。这些事件多数情况下充斥动力的发展过程，都是在绝大多数投资者无法充分了解的情况下发生的，但无论如何，身处其中的人们却必须对这种命运作出本能的反应和判断。虽然证券市场不断被云雾所笼罩，但我们坚持某些仓位的投资勇气与对市场的长远趋势进行的有益判断却可能源自一种历史思考。从历史的视角看，有一个普遍真理：长远看市场呈螺旋上升。螺旋上升的逻辑基础和哲学思想能够告诉我们，假如我们有足够的战略眼光，市场总是充满希望和梦想的，哪怕我们处在极为艰难与困苦的时刻。这是一种品质，天性的一部分，无论多大的失败，也毁弃不掉的坚韧力；同时，这又是一种现实，充满思辨的历史感，永远在尝试解释市场背后正在发生的事情。

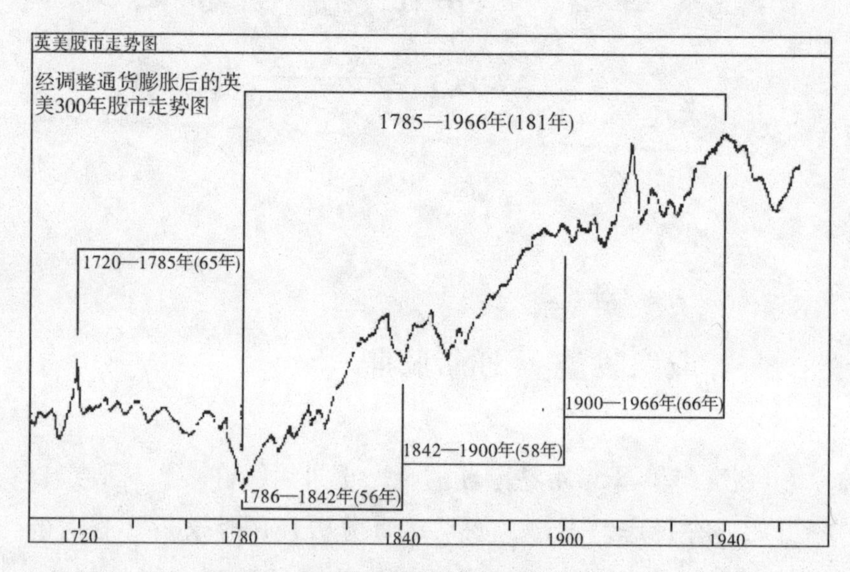

英美 300 年股市走势图

我国显著的证券市场正处在不断的改革之中，我们坚持中国股市正遇上千载难逢的历史机遇的观点。就长期的变化而言，相对中国社会正在发生的变化，大小非、创业板等问题只能是些枝节性问题。中国社会变化的宽度、广度与深度足以支持构成股市发动的整个系统蓬勃发展。过去十年中国股市与经济的蓬勃发展同步，未来十年相信也会如此，趋向转折的历史和经济决定了我国强势的股票市场。

如何避免被泛滥的货币和隐蔽的通货膨胀所盘剥？最有效的财富管理方式是什么呢？在众多资产管理的方式中，股票投资因为较高的收益，以及投资的方便性、流动性、广泛性而成为居民对抗通货膨胀的最大市场。幸运的是，中国近 20 年的股票投资收益率明显高于欧美国家，这是由我国的经

济增长速度决定的。

美国的投资专家曾经计算了多种金融资产由1802年到1997年的回报率，结果显示复利在长期增长中的巨大能量。在过去的200年间，扣除通货膨胀率后，美国股市的年复合实际收益率为7%。如果算上3%的通货膨胀率，则名义投资收益率为10%左右，并显示出惊人的稳定性。世界其他主要发达国家的股票实际收益率也与美国的情况相吻合。1802年投资于股票的1美元，在1997年年底的价值将近55.89万美元。这个金额远远超过以消费者物价指数计算的通货膨胀率。

再来看看我国股市的投资回报率。即使按2008年10月28日上证指数的历史最低点1664点来计算，我国股市开市18年来的年平均收益率也有16.91%，扣除一个4.31%的同期平均通货膨胀率，也还有12.6%的实际收益率。这样的收益率远远超过美国股市7%的平均实际收益率。随着我国经济规模的扩大，今后20年我国股市的平均收益率可能会有所降低，但是，大多数专家认为实际收益率仍然可以保持在10%以上。

2007年中国的这次通货膨胀，大家应该都有身临其境的体验。通货膨胀直接表现在了房地产价格、以猪肉为首的食品价格、医疗保健费用等几个领域。同时2007年炒楼者和炒股者的“大丰收”造成的“泡沫财富”也加剧了这一轮的通货膨胀。

根据国家统计局的数字计算，中国1980—2007年28年的年平均通货膨胀率为5.72%。这意味着中国1980年年初价格是1元的商品，到2007年年底价格是4.96元，差不多涨了5倍，也就是说你在2007年持有的5元钱差不多是1980年的1元钱。作为金砖四国之一的中国，未来30年的年平均通货膨胀率能保持在6%左右就很不错了。

中国1980—2008年历年通货膨胀率

1980	1981	1982	1983	1984	1985	1986	1987	1988	1989
6.0	2.4	1.9	1.5	2.8	9.3	6.5	7.3	18.8	18.0

1990	1991	1992	1993	1994	1995	1996	1997	1998	1999
3.1	3.4	6.4	14.7	24.1	17.1	8.3	2.8	-0.8	-1.4

2000	2001	2002	2003	2004	2005	2006	2007	2008	1989
0.4	0.7	-0.8	1.2	3.9	1.8	1.5	4.8	5.9	-

数据来自中国统计局。

我们需要投资股票，但是股市风险无处不在。如果你能把握时机，我相信你不会成为股市里那大多数亏钱的人。至于能赚多少钱，取决于你在选股和风险控制方面的造诣，这需要长期的努力和学习。成为投资高手，并不是这一本书能够独立完成的任务，这本书的目标是让你远离亏损。能做到这一点，你已经打败股市里70%的人了，因为股市的盈亏比例是“七亏两平一赚”。据统计，在股市不好的年份，90%的投资者亏损，比如股市暴跌70%的2008年。更令人警醒的是，在股市特别好的年份，比如2007年，也有30%的散户亏损，另外还有约20%的投资者没赚到什么钱，打了个平手。也就是说，2007年这样的翻番大牛市，居然也有一半的人没赚到钱。所以，投资必然有风险，好的东西往往都带刺，利润从来都不是唾手可得的。

爱因斯坦说：复利是世界第八大奇迹，而长期股票投资

就可以体现复利的力量。不要认为 20% 的收益率不是暴利，只要你能保持这样的成绩，30 年后你就已经把 1 万元变成 237 万元了。如果你要彻底摆脱通货膨胀对个人财富的影响，实现财富数量级的跃升，就需要将自己的一部分资产投资于好的股票。虽然这是个充满风险的过程，但如果我们学会控制投资风险，仍然会取得稳定的收益。例如，我们以一个相当人性化的数字作为财富累积的起点：5 万元。理由是无论在哪个地区，中国绝大多数人在年轻的时候通过努力干活、上班、做小生意、搞发明创造等，都可以靠自己的努力获得 5 万元的货币资产。我们假设这个人 23 岁参加工作，在较一般的工资水平下，30 岁时有 5 万元闲余存款用于投资，那么这 5 万元在什么样的收益率下，可以使他在 30 年后即 60 岁的时候能够拥有 1000 万元？通过计算可以知道这个收益率是 19.32%，大约是 20%。这正是我国股市可以提供的一个较高投资收益率的水平。

二、股市能在通货膨胀中轻舞飞扬吗

有人说，股市和通货膨胀毫无关系，股市可以在通货膨胀中轻舞飞扬，情况是这样的吗？而历史上经济周期、股市行情的走势，一旦面临调整，总有人强调这次与以往都不同，增长（衰退）、牛市（熊市）还将继续，但结果历史总是相似。我们希望以通货膨胀中货币与价格的共性为基础，分析通胀自身周期与股市机会更迭之间的关系，为大家把握投资机会提供帮助。

股票可以抵御通货膨胀，那么，股市和通货膨胀到底是什么关系？这是我们首先要弄明白的问题。从美国历史来看，

温和通胀、反通胀都刺激股市上扬，而高通胀和通货紧缩都导致股价下跌。从通胀与股市的对应关系来看，温和通胀刺激股市出现上涨，但随着温和通胀开始向恶性通胀转变时，市场开始下跌；随着调控措施的实施，通胀状况开始改善，市场预期通胀得到控制而开始上涨；但调控措施的滞后性很可能导致矫枉过正，通缩开始出现，市场进入盘整期；从通缩到进入温和通胀之前，CPI 数据起起落落，股市也涨涨跌跌。1999 年以前及 2005 年以来的市场，表现出明显的上述规律性。而 2004 年前后的通胀，其规律并不明显，虽然如果鉴定当时 3% 以上作为温和通胀，则 2003 年 11 月开始的上涨正好对应该时刻，但后续市场的下跌则要早于 CPI 的上涨。

为了便于分析，我们将从温和通胀以后到通胀最高点区间定义为高通胀上半场；从高点回落到温和通胀临界点定义为高通胀下半场；从温和通胀临界点到合理通胀区间定义为反通胀阶段。从 1994 年的通胀状况分析，从个股表现来看，高通胀的上半场，20% 的个股上涨，80% 下跌，科技股、概念股表现相对抢眼；当经济再次运行到温和通胀区，股票出现了普涨，而一些业绩好、业绩增长明显的公司涨幅居前，如涨幅居前的 6 家公司的 1996 年业绩同比增长都超过 30%。从行业来看，消费品和消费服务业在上涨股票中占大部分。2003—2004 年的通胀主要是生产要素价格的上涨传导到消费价格指数，所以从股票来看，煤电油运类企业的受益程度要明显高于其他类股票；但随着通胀的传导，消费类股票也受益。本次通胀主要是受农产品价格推动，因此首先受益的是农产品类上市公司，包括与农业相关的生产要素类企业；随着通胀的传导，消费类股票仍将受益。

经过证券市场近 20 年的发展，人们愈发清晰地认识到股

票所有权与通货膨胀之间的关系，因此，某个股票投资组合的抛出价格可能完全不同于当前市价。认识到这种关系，也许能帮助投资者规避未来的重大损失，这个问题对投资而言意义重大。

通货膨胀是影响股票市场以及股票价格的一个重要宏观经济因素。这一因素对股票市场的影响比较复杂，它既有刺激股票市场的作用，又有压抑股票市场的作用。通货膨胀主要是由于过多地增加货币供应量造成的。货币供应量与股票价格一般呈正比关系，即货币供应量增大使股票价格上升；反之，货币供应量缩小则使股票价格下降，但在特殊情况下又有相反的作用。货币供应量对股票价格的正比关系，有三种表现：一是货币供应量增加，一方面可以促进生产，扶持物价水平，阻止商品利润的下降；另一方面使得对股票的需求增加，促进股票市场的繁荣。二是货币供应量增加引起社会商品的价格上涨，股份公司的销售收入及利润相应增加，从而使得以货币形式表现的股利（即股票的名义收益）会有一定幅度的上升，使股票需求增加，从而股票价格也相应上涨。三是货币供应量的持续增加引起通货膨胀，通货膨胀带来的往往是虚假的市场繁荣，造成一种企业利润普遍上升的假象，保值意识使人们倾向于将货币投向贵重金属、不动产和短期债券上，股票需求量也会增加，从而使股票价格相应上升。

由此可见，货币供应量的增减是影响股价升降的重要原因之一。当货币供应量增加时，多余部分的社会购买力就会投入股市，从而把股价抬高；反之，如果货币供应量减少，社会购买力降低，投资就会减少，股市就会陷入低迷状态，因而股价也必定会受到影响。当通货膨胀达到一定程度，通

货膨胀率甚至超过两位数时，将会推动利率上升，资金从股市中外流，从而使股价下跌。

股市是虚拟的市场，股民最终会将股票变为现金。近期的通货膨胀与全民炒股似乎有很大的联系，疯狂的股市在短短的一两年内就上涨了 3 倍多。经济学的常识告诉我们，股票是虚拟的货币资产，股市疯涨导致通货膨胀日益严重。股市上股票的价值虽说游离于正常的货币管理，可股市的性质决定了股票可以随时变现，虚拟资产可以很快变现为实体中的货币。只要股市正常运作，所有的股票都是变相的货币。两年前的股市是 1 万多亿元人民币，现在的股市是十几万亿元人民币，正在膨胀的股市市值最终套现后都将成为货币。疯狂的股市和虚增的市值导致中国实际流通中的货币不断增加。

所以，当通货膨胀对股票市场的刺激作用较大时，股票市场的趋势与通货膨胀的趋势一致；而其压抑作用较大时，股票市场的趋势与通货膨胀的趋势相反。

三、选股是关键

虽然股票能够很好地抵御通货膨胀，但是如果没有选择很好的股票，反而会适得其反，所以，在股市中，选股是关键。中国经济的真正强大，必然在某个产业上实现世界范围内的突破，犹如当初日本的汽车家电产业、韩国的 IT 产业。我们判断，中国的中医药产业、饮食产业和家电产业实现突破的可能性比较大：中医和中餐以中国文化为依托，当中国强盛时消费输出的可能性大，面临的竞争弱；而中国家电产业在经过自身残酷竞争，在逐步完成产业升级后出现市场化

的世界级的企业也不是没有可能。而且从历史来看，前面所提国家的崛起都是抓住了历史的机遇，抓住了当时的新经济。目前来看，我国面临的新技术主要有信息技术、生物技术、先进制造技术等。以上更多是从行业的角度来观察，如果从驱动国家经济发展的角度来看，消费的崛起，尤其是内需的崛起，将带动经济发展模式的新变化。这也许是本次通货膨胀后产业发展的新动向。

随着生产力的发展，消费结构快速升级成为必然，继解决温饱问题及家用电器普及之后，住房、汽车和其他高档耐用消费品进入大众消费，而这又将大大推动人们消费方式和消费观念的变化。汽车工业、电子通信制造业、房地产业、金融保险业、旅游业、文化娱乐业等将加速增长，很可能成为推动经济高速增长的新型主导产业。消费股的特点是相对低的不确定性和高估值，其配置价值突出，是大资金的必然选择。所以在投资消费类个股时，我们更倾向于寻找百年老店，充分挖掘龙头公司或潜在的龙头公司，分享品牌价值与品牌成长，而改善类公司的交易价值则作为补充。

从上轮牛市来看，2005—2007 年消费类个股的估值有了明显提升。从动态 PE 来看，消费类个股从 2005 年的 20 多倍 PE 逐步提升到 2006 年的 30 多倍，再到 2007 年的接近 50 倍。从消费类个股的估值下限来看，即使在熊市中的 PE 也超过 20 倍，这在医药、旅游等行业上都有所体现。从估值上限来看，市场出现调整，上限的下降比较明显，但相对于大盘，还是有溢价。当年沃尔玛的 PE 相对同期 S&P 500 也保持了 30%～90% 的溢价。假设 A 股合理估值在 23 倍，给予消费类龙头公司相同的估值溢价，则 30～43.7 倍的 PE 可以接受。

那么，除了消费类的股票，在实际中我们如何选股呢？

其一，选择行业龙头股。行业龙头上市公司作为本行业最具代表性和成长性的企业，其投资价值远远超过同行业其他企业。因此，抓住行业龙头也就抓住了行业未来的大牛股。龙头股的走势往往具有“先于大盘企稳，先于大盘启动，先于大盘放量”的特性。在一轮行情中，龙头股涨得快、跌得少，它通常有大资金介入背景，有实质性题材或以业绩提升为依托，安全系数和可操作性均远高于板块内其他股票。因此，无论是短线还是中长线投资，如果能适时抓住龙头股，都能获得不错的收益。

其二，选择成长股。成长股是指上市公司处于高速成长期并有良好业绩表现，每股收益能保持较高增长率的股票。高成长性的公司，其主营业务收入和净利润的增长呈现高速扩张态势，除了做到多送红股、少分现金，保证有充足资金投入运营以外，公司业绩的增速会始终与股本扩张的速度保持同步。这类股票往往高比例配送股而每股收益却并未因之稀释，含金量极高。成长股股价总体上呈强势上扬的走势，大市涨时它同涨，大市跌时它抗跌。投资这类股票完全可采取长线策略。

其三，选择价值低估股。市场上有相当一部分股票的内在价值相对于目前股价处于低估状态。聪明的投资者总是善于以低于上市公司内在价值的价格购买股票。选股时可从两方面来分析。一是从目前行业运行状况和企业赢利状况分析，判定该行业整体估值是否偏低。因此，除了选择价值低估的个股，资产额较大的投资者，还应关注整体价值低估的行业和板块，对于在整个市场中估值明显偏低的行业，加大对该行业的资金配置，一般中长期都可以获得较好回报。二是不仅仅看估值的高低，同时着眼于企业或行业未来的发展。如

2005 年券商股在当时是估值偏高的，但如果能着眼于中国证券市场的长远发展，选择此类股票，那么随着 2006 年证券业惊人的业绩增长，投资者就会大获其利。

其四，选择政策支持股。国家政策对股市的运行有重大的影响，受到国家政策支持的行业，更容易得到市场认同。例如，能源、通信等公用事业和基础工业受国家特殊保护，发展稳定，前景看好，应当予以关注。再比如，金融业目前在我国尚属一个政府管制较严的行业，投资金融企业就整体而言能获取高于社会平均利润率的利润。

其五，选择蓝筹股。西方赌场中有蓝、白、红三种颜色的筹码，其中蓝色筹码最值钱。套用在股市上，蓝筹股就是指资金雄厚、业绩优良稳定、经营管理有效、技术力量强大、能按期分配股利、在行业内占有支配性地位公司的股票。蓝筹股通常具有稳定的赢利记录并且会分派较优厚的股息，因而成为市场追捧的对象。蓝筹股注重的是企业的业绩，而不仅仅是投机性。投资蓝筹股不会让你一夜暴富，甚至不会给你带来投机的刺激，但可以让你获得相对稳定的收益，不用每天看盘，不用担心什么风吹草动，坐等按时的分红和收益。它会让你的财务更加稳健，让你心平气和地分享股价涨升带来的收益。所以蓝筹股比较适合中长线投资者，是稳健型投资者的首选。

其六，选择资源稀缺股。经济发展离不开资源，而资源又具有稀缺性（如有色金属、矿产）和不可再生性（如煤炭、石油）。所以一些专营稀缺、不可再生资源的上市公司备受关注。这类公司未来的成长性较好，发展潜力巨大，如果当前行业的估值相对偏低，则未来会具有广阔的上升空间，所以这类股票往往吸引市场资金不断涌入。

其七，选择熟悉公司的股票。股票市场有多种股票，要作出正确的选择，投资者就必须熟悉股票所属公司的情况。要持续了解哪家公司最有可能赚钱，哪家有新产品研制成功，哪家利润在上升，哪家接手了有利可图的并购业务，哪家卖掉了亏损的下属企业，掌握这些信息后，从熟悉的公司中选出适合的股票，会大大增加投资胜算。熟悉的公司有可能是周围人喜爱的产品的生产商。产品受许多人推崇，大家争相购买，表明企业获利能力强，市场有保证。因此，从日常生活中一些知名品牌、企业中都有可能发现有用的投资线索。

四、不可忽视经济政策

综观中国股票市场十余年的发展历程，可以发现中国股市一个特有的现象，即所谓的“政策市”，表现为股票市场的走势受政策因素影响极大，政策性风险成为股票市场的主要风险。这与国外成熟的股票市场状况有很大差异。

1995 年之前中国的股票市场表现为齐涨齐跌，系统性风险极高，达到了 85%。大盘的走势与个股的走势具有极为相似的趋同性。此阶段中国股市一直在“股市低迷—政策救市—股市狂涨—政策强抑—股市低迷”怪圈里循环。1996 年之后，虽然中国股市在经历较大规模扩容后，市场规模逐步增大，机构投资者队伍稳步扩大，政府调控和监管股市的能力逐步加强，市场系统性风险也呈现出下降的趋势，但相对于发达国家成熟股市 25% 左右的系统性风险而言，40% 左右的系统性风险依然是相当高的。究其原因，这种高系统性风险主要是由我国股市仍具有典型“政策市”特征造成的，股指走势基本受管理层出台的政策或政策性消息所左右，往往

表现为市场对政策性消息的过激反应，甚至导致股指的走势脱离基本面的实际状况。

具体来说，首先，“政策市”和成熟市场的差别主要表现在三个方面：

第一，投资者结构不同。在成熟股票市场中，在投资者结构中以机构投资者为多；而在“政策市”中，投资者以散户为多。

第二，投资理念不同。在成熟股票市场中，投资收益主要来自股票的长期收益，投资者的投资理念趋于理性；在“政策市”中，投资收益主要来自市场差价收益，投资者的投资理念具有过度投机性、短期性和从众性，缺乏独立分析和判断能力，受市场消息面影响大。

第三，投资者接收政策影响的方式和程度不同。在成熟市场上，投资者对政策信息的接收，具有间接性、差别化的特点。一些投资者认为是利好性政策，另一些投资者可能认为是利空性政策，导致投资者对同一政策的反应完全不同。因此，同一政策信息的出台，因为投资者对个股投资行为的调整存在着对冲，就大大减缓了政策出台对股指的冲击力，降低了股市系统性风险。在“政策市”中，投资者接收政策的影响比较直接，在投资行为调整上存在较强的趋同性，从而在宏观层面上就表现为个股的同涨同落和股指的暴涨或暴跌，系统性风险较高。

其次，政策的影响与我国股民的“政策依赖性偏差”。

自 1992 年我国股市成立以来，政策对股市的干预比较频繁，“政策市”的特征明显。政府在股市上的驱动意识和宏观调控意识对投资者的投资行为有很强的导向作用，使得我国股民对政策的反应存在“政策依赖性偏差”。统计数据表

明：1992年至2000年年初，政策性因素是造成股市异常波动的首要因素，占总影响的46%。此外，在这8年的市场剧烈波动中，涨跌幅超过20%的共有16次，其中政策因素8次，占50%。由此可见，政策对我国股市的波动起着最主要的影响作用。我国股民在政策的反应上存在严重的“政策依赖性偏差”，在具体行为方式上表现为“过度自信”与“过度恐惧”偏差。投资者的交易频率主要随政策的出台与政策的导向而发生着变化，利好的政策出台会加剧投资者的“过度自信”偏差，导致交投活跃，交易频率加快；而如果利空政策出台，投资者的“过度恐惧”偏差往往会使交易频率有较大程度的下降，下降趋势也会持续较长的时间。

中国股市必然是“政策市”是否意味着政府可以随心所欲对股市进行人为干预呢？答案显然是否定的，一方面，我们要充分认识中国股市的“政策市”性质；另一方面，我们必须按照市场经济“公开、公平、公正”原则、股市运行稳定性原则明确界定政府干预股市的范围，促进中国股市长期、持续、健康发展。否则政府随意直接干预股票市场，不仅不是在保护投资者利益，而且降低了市场效率，增加了不确定性和信息不对称性，破坏了公平，是在损害投资者利益、破坏股市长期发展。

当市场的主要博弈对象是投资者与政府时，政策对市场的影响自然很大，但2002年后，基金之间的博弈越来越成为市场的主导，政策对市场的影响开始下降。对于2005年以后的机构投资者而言，从众行为表现得越来越明显，市场形象地比喻是“抱团取暖”。这与基金经理的考核制度直接相关，因为决定基金经理的薪酬及奖金的是自己管理的基金净值增长速度在行业内的排名，如果采取独立的投资策略，基金经

理“下课”的风险将很大，于是大家的投资行为必须高度一致，买入的时候方向一致，卖出的时候也一起行动，使市场波动加剧。因此，基金可以稳定市场的结论在我国的股票市场里是不成立的。2007 年 5 月以后，很多基金经理们认为当时的股票估值已经很贵，但却依然在买股票，因为别的基金经理还在买，于是出现了股价不断创新高的闹剧。反之，当股市从 6000 点下跌到 4000 点以下时，却不断有基金经理在卖股票，因为在下跌的过程中谁的仓位高谁排名就落后。这就是当前基金的“囚徒困境”。要使深处“囚徒困境”的基金经理们摆脱“困境”，需要足够的时间和外在环境，光靠几道政策或几篇文章是难以奏效的。那么，在“囚徒困境”的背景下，什么因素对市场起关键的作用呢？答案是“趋势”。只有当市场发出明确的上涨趋势时，基金经理们才会倾向于增加仓位，出现买股票的从众行为。

第十章　风险厌恶者的阵地——银行

一、银行不是储蓄罐

即使现在可以投资的种类很多，但储蓄业务仍然是个人理财最基本、最不可或缺的首选品种。储蓄自身的特性如很高的安全性、可随时变现的流动性、一定幅度的增值性等，决定了其在个人理财活动中的基础地位。因此，在银行产品多元化的情况下，储蓄在金融资产管理中仍发挥着“蓄水池”的作用。特别是对于年轻人来说，一定要保持储蓄的习惯，尽管做“月光族”很潇洒，可是毕竟不能长久，以后随着生活的责任越来越重，你会发现不能再过“一人吃饱，全家不饿”的日子了。所以兜里必须要揣几个钱才能应付生活的开支，以免在需要资金时四处乱借，拆东墙补西墙。当然，也有很多人认为，把钱存在银行是最安全的，尽管收益低，但风险几乎为零，至少这笔存在银行的钱还可以挣到利息，这利息在他们看来就是他们的额外收益；甚至有人认为，即使没有利息，钱的数量也没有减少，相比投资亏损的人而言还是最保险的。

上面的观念仅仅是从方便生活的目的出发，如果从理财

角度出发结果可就大不一样了。大多数人认为银行的利息收入是自己纯赚的收益，因为加上这笔利息收入自己的账户余额就增加了，所以很多人都认为将钱存入银行也是一种投资，而且只会赚不会赔。这种观念是在之前我们没有投资选择的情况下形成的。但是，不幸的是，你的银行账户即使在没有交易的情况下仍然会亏损，这一因素便是通货膨胀。一笔100元的资金，假设年利率为2.27%（这也正是中国2007年很长一段时间的利率水平），而在2007年第二季度的CPI（消费物价指数）却比上一季度增长了近4%，这也就意味着通货膨胀率近似地达到了这个水平。从另一个角度来说，你三个月前的100元钱现在只能买到96元钱的商品了，而100元钱在这三个月中的利息收入只有0.57元（2.27元÷4），很显然你亏损了3.4元多。所以，如果利率和CPI一直保持这种增势，过不了多长时间，你的账户就会成为负净资产了。

存钱保值的观点在现今已经落伍于时尚了。为什么呢？让我们看看下面的分析。

实际利率=一年期存款利率-通胀率。根据相关经济学原理，我们存在银行的钱是按名义利率来计算利息的。之所以有名义利率和实际利率两种不同的利率称谓，是因为这个世界存在通货膨胀，由于物价（消费品价格）的上涨，导致我们所得到的利息的实际购买力降低。用名义利率减去通胀率（通货膨胀率）就得到了实际的利率，实际利率代表了货币的真实购买力是上升还是下降。当实际利率是正数时，说明钱是在真的增值，钱的购买力在增强；当实际利率是负数时，说明钱是在贬值，钱的购买力在降低。

中国在1993—1996年，以及2007年至今，实际利率都是负数，也就是说，如果我们把钱都存在银行，存成一年定

期存款，那么一年期满后，我们所拥有的本金和利息加在一起的购买力比起一年前本金的购买力是下降的。实际利率出现负数，说明通货膨胀比较厉害，大于银行给予的利率，于是，即使把钱存在银行，也会在不知不觉中发生货币的贬值，钱的购买力不断降低。

有人会问，有没有办法可以避免通货膨胀不声不响地“吃掉”自己的钱，或者说“吃掉”自己的钱的购买力呢？有，那就是在通货膨胀非常高的时候，马上把所有的钱都买成货品或实物，那就需要把自己的家变成一个小型仓库，把自己所有的钱都转变成货物储存起来，这样就能完全消除通货膨胀的影响。但是，这在现实当中基本是无法实现也没有人会去做的事情。

这是因为，一方面，通货膨胀在一般社会情况下，都不会非常高，是在人们能承受的范围内的；另一方面，人们总要为将来留一笔钱，预备各种无法预料的需要，不可能在今天就把自己所有的财富都变换成实物。于是，通货膨胀成为了一种全社会都不得不承受的现象，不论把钱放在银行、股票、基金还是放在自家的保险箱里，通货膨胀都是一样会发生的。因此，通货膨胀导致的实际利率与名义利率不一的问题是社会中所有人都要面对的经济现象。

二、用明天的钱圆今天的梦

当然，不要为银行感到恼怒，我们可以换一种思维来考虑问题。银行不仅仅是能存钱的地方，还可以消费贷款。虽然消费贷款比存款高，但在相同条件下，我们使用银行消费贷款等于抵御了通货膨胀。在西方，信贷消费是人们的一种

主要消费方式。以分期付款、先买后还的方式去消费在中国人的观念中尚未被普遍接受，可是在西方却被认为是很好的消费形式。所谓的消费信贷，就是金融机构对于个人发放的、用于购买耐用消费品或者支付其他费用的贷款。通俗地说就是拿银行的钱来办自己的事情——买房、汽车、教育、度假等，就是用明天的钱圆今天的梦。

一座看得见海岸风景的房间，你可以尽情地享受海风的味道；一辆属于你的坐骑，你可以驾着它走过枫叶飘零的街道；一架轻盈优雅的钢琴，你可以用它在月凉如水的夜晚弹奏肖邦的小夜曲……梦很美，离它的距离却不一定遥远，只要你好好把握身边的机会。这就是消费信贷的魅力，它能给你这样的机会。

提到消费贷款，我们立刻想到的是债务或者寅粮卯吃。在传统观念里，我们并不是很提倡提前消费。其实，这是一种误解。消费信贷是把明天节余的钱提前到今天来消费，这样的消费并不会影响明天的生活质量，它可以促使人们把消费需求提前释放，提高了我们的生活质量。消费信贷目前在我们国家不断地发展，居民的消费信贷观念也不断地在更新。消费信贷是即时提供商品和服务的工具，是灵活的资金管理方式，是安全和便利的，是紧急情况时的缓冲带，是增加资源的工具。如果你能及时偿还贷款，消费信贷还能创造良好的信用等级。但是请记住，消费信贷是双刃剑，它也有副作用。为了理智使用消费信贷，请仔细评价自己当前的债务水平、未来收入、增加的成本以及过度消费的后果。

只要你对于自己的未来生活和收入有计划，并且可以按照你的计划来还款，那么你就可以放心地去办理消费贷款。哪些人可以办理消费信贷呢？按照政府的规定，只要具有完

全行为能力的自然人，也就是说，有稳定居住场所的中国公民都可以申请办理。在实际操作中，贷款对象要求有稳定的收入，出具有效的个人收入证明，并且所贷的款的用途必须是消费，而不能是生产或者其他用途。

我们前面提到，对普通老百姓而言，通货膨胀的过程就是财富被掠夺的过程。具体来说，我们通过劳动获取社会财富，得到的是财富的衡量物——货币。如果货币价值稳定，那我们的财富就不会贬值，但是如果出现通货膨胀，那么相同的货币就只能换取更少的财富。我们之前的劳动价值并没有减少，而我们手中货币的价值却减少了，这个过程其实就是我们的财富被掠夺的过程。

那么，怎样才能避免或减少自己财富的流失呢？最有效的方式就是提前消费并且贷款消费。一方面，在通货膨胀的环境下，相同的货币量，越晚消费能买到的东西就越少，因此提前消费可以使等量货币的价值最大化。另一方面，如果我们今天花的钱是从银行借的，是需要我们在以后的10年或20年内还清的，实际上就是说我们今天花的是明天的钱，也就是说，我们在它还没有贬值之前就用了日后将贬值到很低的货币。这就是提前消费的概念。我们把明天的钱拿出来，按照今天的价值去购买当前的商品，这可是大赚啊！通货膨胀越是厉害，明天等量的货币价值就越低，更何况我们拿出来消费的是10年、20年以后的货币。如果我们提前消费或贷款消费的是普通商品，比如汽车、数码相机、食物、旅游等我们消费之后其使用价值会降低或消失的产品，我们是让自己的货币体现了尽可能大的价值，但产生的效果无非是让自己得到最大的享受而已。

但如果我们提前消费或贷款消费的是一些特殊商品，比

如房子、黄金等我们消费之后其使用价值基本不会下降甚至很有可能上升的产品，那么，我们不但让自己的货币实现了社会财富的最大化，同时还让自己的财富保存了下来。如果购买的时机合适，这些财富还会很快升值；即使购买的时机不太合适，长远来看（比如5年），这些财富还是有升值机会的。因此，笔者建议：在基本保障第一种消费的情况下，也就是让自己适当享受的情况下，还是得把更多的可以得到的货币用于第二种消费。这样我们个人或者家庭才能在通货膨胀的年代既免于财富被掠夺，又巧妙地保持了财富，甚至还让财富获得了升值。

三、外币也能生出人民币

近两年来，外汇理财产品凭借比银行存款较高的收益率吸引了不少投资者。各家银行推出的产品在起息日、期限、结构复杂程度、挂钩标的物、期权设置等方面作了不同安排，推出的产品也是花样繁多，体现在收益率上差别就更大了，低的1%，高的达到10%，让投资者看得眼花缭乱。针对这个情况，国内理财市场上出现了很多外汇理财产品，例如“两德宝”、“两得利”、“金葵花”等。外汇投资的渠道已经越来越开阔，理财的门槛也在逐步地降低。可以说，外汇理财已经开始进入寻常百姓家，正在逐步地成为新的理财工具。

大多数人以前都选择银行储蓄这一安全、可靠、传统的投资方式，而外币的储蓄又具有一定的要求和技巧性，那么，如何办理外币储蓄及怎样储存才能使外币增值呢？

第一是要了解银行的外币存款的手续和有关规定。和人民币储蓄一样，开户时，储户只要持可自由兑换的外币或收

妥的外汇到开办外币存款业务的银行，填写有关凭条交与经办人员即可。目前我国工、农、中、建、交等商业银行都办理外币存款业务。另外，外币存款有最低起存金额的限制，如目前中国银行规定，活期存款的起存金额为相当于20元人民币的等值外币，定期存款为相当于50元人民币的等值外币。此外，各个银行关于外币储蓄的利率也不尽相同，所以我们要货比三家，选择利率高的银行储蓄。

第二是要选择好储存的币种。在经济全球化的今天，国际金融市场动荡不安，汇率波动较大。对于我们来说，选择硬货币储蓄是最好的回避风险的办法。对于持汇一族来说，要合理地调整自己手里持有的外币的种类，选择硬货币才能获得升值所带来的利益。目前中国银行等国内商业银行对居民个人都开办了个人外汇买卖业务，我们可通过个人外汇买卖业务选择汇率及利率坚挺的币种储蓄。比如目前美元一直贬值，选择美元储蓄就不太明智。

第三是选择合理的存期。目前，各商业银行开办的个人外币定期存款起存期限分为一个月、三个月、半年、一年和两年等五个档次及活期存款。和本币储蓄一样，时间越长，利率也就越高。但是这并不意味着我们就要选择最长的储蓄期限，原因就是汇率变化频繁，一旦我们原来存储的货币贬值得比较厉害，那么我们继续储蓄下去就要面临缩水的风险。如果时期选择得合理，那么我们就可以及时地调整币种，回避风险。最佳的办法是将一部分外币存长期，一部分存短期，一旦利率变化，也能及时应变，调整存期。

第四是不要把鸡蛋都放在一个篮子里。多元化组合自己储蓄的币种也不失为一个回避风险的好办法。我们可以选择一揽子的货币储蓄方式，比如美元、日元、英镑等货币组合，

防止单个货币贬值或者利率的下降所带来的冲击。

第五是注意产品挂钩方式。产品的挂钩方式是决定浮动型外汇理财产品收益率的重要因素之一。目前，外汇理财产品挂钩方式一般分为与利率正向、反向挂钩，与汇率挂钩和与基金等其他标的物挂钩。标的物的走势直接影响收益率。在利率上升期间，客户应尽量选择正向挂钩产品。

第六看是否有提前终止权。目前外汇理财产品一般分为银行拥有提前终止权和客户拥有提前终止权两种。一般而言，银行拥有提前终止权的收益率相对较高，但是只要收益率保持在利率浮动高端区间，银行一般就会提前终止，客户虽然享受到了较高的收益，但持有时间较短。如果客户拥有提前终止权，客户也需付出一定的成本，有的赎回手续费较高。

第七看伦敦同业拆借利率水准。外汇理财产品的收益率与伦敦同业拆借利率（LIBOR）息息相关。现在一年期美元LIBOR为3.73%左右，与目前的一年期固定收益型品种最高收益仅相差0.33%，也就是说，在某种程度上接近同期伦敦同业拆借利率是外汇理财产品较合理的高收益率。市场上部分收益高达8%以上的产品，大都是期限较长或是反向挂钩产品。

第八是观察区间是否宽泛合理。利率浮动型产品只有利率落在利率区间时才能享受较高的收益，如果当日利率超过观察区间，银行当日按最低收益支付或不计收益；如果投资者购买期间内，利率经常突破观察区间的话，将直接影响投资者收益。因此，投资者应尽量选择观察区间较大的理财产品。

如果投资者能掌握上述鉴别方法，就能在纷繁复杂的外汇理财产品中慧眼识精品，提高外汇理财的收益率。需要提

醒的是：如果你的朋友或者家人在国外要给你寄钱的话，一定要先在国外兑换成在我国境内可自由兑换的外币，否则，国内银行是不能兑换或储蓄的。如果委托国内银行汇出在我国境内可兑换或可储蓄的外币，需向银行支付较高的手续费用。

四、理财产品妙用

提起理财，可能大多数人想到的都是买基金、炒股票、购黄金，但是，2008 年股市的跌宕起伏，CPI 的持续走高，已让不少投资者心有余悸。如何使自己辛辛苦苦积攒的家庭储蓄能够保值又增值，成为当下个人投资者最关注、最热衷的话题。其实，科学的理财观是要根据自己的风险承受能力确定合理的理财收益目标。合理配置自己手里的资金，在确保本金安全的同时追求稳健收益，成为大多数稳健型投资者的理财目标。

银行系的理财产品，也为投资者战胜通胀提供了可能。如果你是低风险产品的爱好者，不妨将资金投入一些低风险的理财产品中。这些产品的价格波动相对较小，价值增长具有长期性和稳定性，而回报又高于通货膨胀率。如果你追求较高的收益回报，又希望能够降低投资风险，那么借道于特定的投资产品，投资于海外市场，也是在通胀加剧下的又一个选择。低风险的人民币理财产品可以帮助投资者实现高于通胀的稳健收益，高风险的新款 QDII 产品则为全球配置资产、降低投资系统性风险提供了可能。投资者可以按照风险承受能力的不同作出选择。

策略一：低风险投资化解通胀风险，适合风险规避型投资者

以人民币理财产品为代表的低风险产品，更适合风险规避型投资者的选择。不过，在选择低风险的投资产品时，投资者往往倾向于将收益率与同期的银行存款利率进行比较。在通胀加剧的背景下，投资者选择的目标不仅仅要高于同期的银行存款利率，更重要的在于战胜通胀，也就是说投资产品的目标收益率至少要高出通货膨胀率的水平。在宏观经济的运行过程中，主要目标是把 CPI 的同比增长率控制在 3% 的警戒线范围之内，因此，投资者的收益率底线要超过 3%。考虑到通货膨胀率的增长还有上升的可能，一般来说必须通过低风险投资达到 3.5% 或以上的预期收益率目标。

在目前市场上可以提供的低风险产品中，有一些人民币理财产品的预期收益率已经能够达到这一目标。同时从产品的设计和结构上来说，通过特定的风险控制手段，可以在一定程度上保障预期收益率的实现。当然，预期收益率并不是投资者选择的唯一标准。在进行此类型理财产品的选择时，投资者还需要关注投资期限和产品连续性这两个因素。通常来说，在通胀加剧的情况下，投资者不适合选择过长期限的理财产品，半年期至一年期产品是理想的选择，这样在市场收益率提升的条件下，投资者可以灵活机动地进行投资变换。产品连续性通常不会为投资者所重视，但是连续发售的理财产品可以避免投资资金的“闲置”，尽可能地为投资者获得更多的投资回报。在一些银行的人民币理财产品销售中，已经形成了连续发售的模式，一期产品结束，下一期产品立即跟进，投资者在选择时可以多关注这一类型的产品。

实战：可考虑信托贷款类理财产品。

从现有人民币理财产品的设计来看，通过发售人民币理财产品，筹集信托资金，用于指定项目的贷款成为理财产品的主流品种。据理财专家介绍，这样的信托贷款类理财产品一般在募集前就已经确定了投资目的，同时银行会加入资金监管，必要时还会引入连带责任担保，因此信用等级较高，收益率也比纯投向于货币市场的人民币理财产品高。如建行推出的一款“利得盈”2007 年第 23 期人民币信托理财产品中，投资期为 185 天，预期年化收益率为 3.51%。募集资金的主要投向为“中国建设银行——广梅汕铁路有限责任公司信贷资产信托”。根据建行的前期审核，信托基础资产项下债务人广梅汕公司目前资信情况良好。同时这一产品的投资期限也比较短，如果市场收益率上升，便于投资者及时调整投资方向。

策略二：境外投资分散风险，适合资产丰厚、追求高回报的投资者

走出去，积极参与海外市场，也是目前应对通胀的一种选择。一边是通货膨胀加剧，一边是流动性泛滥的压力，目前国内的投资市场已经积聚了相当大的风险。对于一些不满足于低收益产品，又对投资市场有所畏惧的投资者们来说，制定全球化的资产配置策略，而不是把资产集中于国内市场这一小范围之内，可以帮助他们达到分散投资风险的目的。

“变脸”后的 QDII 产品，也为投资者安全地投资于海外市场提供了一条途径。以前 QDII 产品的投资范围仅限于一些具有固定收益性质的债券、票据和结构性产品，投资预期收益率不高，加上人民币升值的因素，对于投资者的吸引力并

不大。2007 年 5 月，银监会发布的《关于调整商业银行代客境外理财业务境外投资范围的通知》中，取消了商业银行 QDII 产品“不得直接投资于股票及其结构性产品”的限制性规定，而将 QDII 投资范围扩展至境外股票。这就意味着，投资者借道 QDII 可以投资于境外成熟的证券市场，这一政策的转变，无疑为遇冷的 QDII 产品增添了投资魅力。对于投资者来说，可以通过资产配置的转移，降低投资中的系统性风险，也为获得较高收益率、战胜通胀提供了可能。

实战：新款 QDII 转战境外市场。

在商业银行 QDII 产品投资范围拓宽之后，已有工行、汇丰推出了新款的 QDII 产品，与以往的银行系 QDII 产品相比，新产品出现了较大的变化。

首先是在投资对象上。工行的“东方明珠”产品以在香港上市的蓝筹股、国企股、红筹股及亚洲的债券作为主要的投资对象，由摩根富林明资产管理公司作为境外的资产管理机构。汇丰则为投资者提供了三只境外基金，分别为汇丰中国股票基金、汇丰环球趋势基金和美林环球资产配置基金，涵盖了亚洲股票、欧洲股票、美国股票、环球新兴市场股票和环球债券等，投资者可以根据自身的需要，实现合理资产配置及分散风险。

在运行模式上，银行系的 QDII 产品基本沿袭了“准基金”的操作思路。如汇丰直接提供三只已经设立的海外基金供投资者选择，投资者以人民币认购，资金将通过英国汇丰银行有限公司发行的结构性票据投资于所选择的基金。汇丰本期产品的期限为 2 年，但从 2007 年 8 月起投资者每周都有提前赎回的机会。而工行的“东方明珠”产品则是一个新募集的开放式准基金理财产品，募集来的资金主要用于投资港

股，在封闭期结束后，投资者在每周的第一个工作日都可以进行申购或是赎回，在申购、赎回费用的设置上与开放式基金极为类似。

不过，需要提醒投资者的是，在拓展投资渠道的同时，投资于这样的产品需要承担一定的风险。和开放式基金的操作一样，上述这两种产品既不保本，也不对预期收益进行承诺，这就要求投资者对于境外市场拥有一定的判断能力。此外，两个新款 QDII 产品虽然以人民币作为投资货币，但是需要转换为境外货币进行投资操作，人民币升值带来的汇率风险是投资者不可忽视的又一个因素。按照银监会的要求，此类型的 QDII 产品门槛也设定得较高，工行“东方明珠”产品的起始投资额为 30 万元，以万元为单位递增；汇丰新款 QDII 产品的起始认购金额为等值于 3 万美元的人民币。

第十一章　攻守兼备的基金

一、庞大的基金家族

谈到基金，人们最先想到的多半是股票型基金，因为大家都知道，股票型基金是各种基金中赚钱能力最强的，在基民的投资中占据着非常重要的地位。然而，除此之外，你对股票型基金还了解多少呢？

所谓股票型基金，是指将60%以上的资产投资于股票的基金。在股票型基金中，由于投资于股票所占比重的不同，按照从多到少的顺序排列为偏股票型基金（股票占75%以上）、平衡型基金（大于60%，但不超过75%）。作为开放式基金的一种，股票型基金的买卖主要通过认购（或申购）和赎回的方式来完成。在新基金刚刚发行上市时，你必须采用认购的方式进行购买；而当封闭期满，再购买基金就只能通过申购来实现了。当你想要变现时，只需要将手中持有的份额赎回便可以了。目前，基民可在银行、基金公司或者证券公司购买股票型基金，只要基金未暂停申购，基民便可以随时进行基金的申购和赎回。

想必大家都知道，股票是一种高风险和高收益并存的投

资方式，而股票型基金之所以能够带来较高的收益，也正是由于其投资组合中股票投资所占比重较大。正因为如此，股票型基金所蕴涵的风险也高于大多数基金。因此，在买卖股票型基金时，基民除了看重它的高收益外，还应该关注它所包含的风险；否则，一旦你忽略了股票型基金的风险，很可能由此而引发亏损，甚至会被深深套在其中。

大家知道，相对于股票投资，股票型基金的投资风险要小得多。然而，它毕竟是一种蕴涵着较高风险的投资项目，当大盘下跌时，基民仍然不可避免地要承担基金净值下跌的风险。换句话说，如果市场行情不好，或者操作不当，购买股票型基金仍然有损失本金的风险。因此，那些相对保守或者不想承受较高风险的基民常常对股票型基金望而却步。可是，如果就此收回资金，或许很多基民都会心有不甘："凭什么别人都在赚钱，而我只能睁眼看着？"于是，为了降低投资的风险，获得稳定的回报，基民便将目光投向了相对稳定的债券型基金。

何为债券型基金？基民又应该如何操作才能够从中获利呢？所谓债券型基金，是指将80%以上的资金投资于债券上的基金。比较而言，债券型基金所蕴涵的风险要比股票型基金小，不过，它所能带来的收益自然也要少得多。但是，和直接投资债券相比，债券型基金还是具有很多优势的。比如，债券型基金采取专家经营的方式，能够为基民带来比债券更高的收益，同时还具有较强的流动性。

虽说债券型基金将大部分资金投放在债券中，但两者价格的影响因素却不尽相同。就普通债券而言，对其影响较大的两个要素是利率的敏感程度和信用素质，它的价格涨跌往往与利率的升降成反向运动关系；而债券型基金的价格涨跌

则主要取决于所投资债券的信用等级和利率的变化。相对于股票型基金来说，债券型基金的风险较小，收益不高但相对稳定，同时，基民购买的费用也是非常低的。为了能够在债券型基金中获得收益，基民应该重点关注利率和所投资债券的走势。

总的来说，债券型基金虽然收益低于股票型基金，但它所蕴涵的风险同样也要小得多。对于那些不能承受较大风险而又较保守的基民，尤其是一些老年投资者，债券型基金不失为一个不错的选择。

对于相对保守的投资者，假如你不愿意承担较高的风险，除了购买债券型基金，还可以将你的钱投资在货币型基金上。虽说它的收益比债券型基金还要略低一些，然而，它的高流动性和稳定的收益却远在债券型基金之上。

货币型基金，又叫货币市场基金，属于开放式基金。一般来说，它的投资对象为短期证券（如债券）或者一些等同于现金的债券（如短期国债、商业票据、银行承兑汇票等）。与其他基金不同，评价货币型基金好坏的标准只是收益率，它的优点在于其稳定的收益，而不是像其他基金那样以资产价值增值获利为目的。

由于货币市场的风险低、流动性高，使得货币型基金也继承了这些优点。货币型基金投资组合的平均期限一般为4～6个月，使得它不仅具有近乎于零的风险，而且其价格通常也只受市场利率的影响。同时，它还有着良好的流动性（资金到账期为T+1），因此，你可以自由地进行货币型基金的申购和赎回，从而极大地提高资金的使用效率。正因为如此，在某些时候，货币型基金成为基民眼中比银行存款更理想的替代物和现金管理工具，货币型基金也因此博得了“准储

蓄”的美誉。

指数型基金是一种十分特殊的基金形式，它通常按照所选定指数的成分股在指数中所占的比重，选择同样的资产配置模式投资，以达到和大盘同步获利。通常，指数型基金往往采取被动跟踪的操作方式，而不像其他基金那样采取主动调整的操作方式。因此，指数型基金的运作方法非常简单，只要根据每种证券在指数中所占的比例购买相应比例的证券，长期持有即可。然而，就是这么一种看似平常的基金，却是成熟的证券市场中不可缺少的一种基金形式。在很多发达国家，它与股票指数期货、指数期权等其他指数产品一样，日益受到各类机构和个人投资者的青睐。

虽然指数型基金可以有效地降低风险，可是，由于它并不是采用主动的投资决策，也不需要对基金的表现进行监控，基金公司往往只要保证指数型基金的组合构成与所关注的指数相适应即可，因此，指数型基金常常随所关注指数的变动而变动。当市场单边上扬时，指数型基金的上涨幅度表现得非常强劲；而在市场单边下跌时，指数型基金便暴露出被动操作的劣势，常常出现较深的跌幅，并由此带来了较大的风险。作为一种基金产品，指数型基金更适合进行长期投资，因为从长期来看，大盘指数呈现的是上涨的趋势。所以，进行指数型基金操作时，切勿为了追求短期收益而频繁地快进快出。

除了上述基金外，我们在日常生活中，还经常听到一些特殊基金的名字，即ETF和LOF。ETF和LOF基金到底是怎样一种基金呢？它又能给我们带来多大的回报呢？其实，我们所说的ETF基金，是英文Exchange Traded Fund的缩写，翻译过来就是“交易所交易基金”，属于指数型基金的一种。

为了凸显这一金融产品的内涵，现在一般称其为“交易型开放式指数基金”。通常，ETF 基金跟踪标的指数的变化，它不仅在交易所上市，而且也在代销机构进行销售，所以，你既可以像封闭式基金那样在二级市场进行买卖，也可以在代销机构中进行申购和赎回。只不过，在申购和赎回时，你必须以一篮子股票换取基金份额或是以基金份额换回一篮子股票。

与 ETF 基金相对应的，还有一种名为 LOF 的基金。所谓 LOF 基金，其实是英文“Listed Open - Ended Fund”的缩写，翻译过来就是“上市型开放式基金”。它是另一种特殊的指数基金形式，当这种基金发行结束后，你既可以在指定的网点进行申购和赎回基金份额，也可以在交易所内进行买卖。但是，无论是在交易所还是在指定网点，你都必须办理转托管手续（系统内的和跨系统的转托管）。

LOF 基金的出现，为基金的交易提供了一个平台。基金公司可以基于这个平台进行封闭式基金、开放式基金上市交易等。随着我国证券市场的不断发展，基金的交易系统也变得越来越严密，投资者赚钱的途径也越来越宽广。

随着国内基金家族的壮大，基金名称日益琳琅满目，按照规模和成长性划分，基金类型可以分为价值、成长、稳健、积极、大盘、小盘等。但大盘的基金可能实际主要投资中小盘股票，而某只小盘基金也许拿了一堆大盘股。开始投资前，投资者不妨去看看基金的招募说明书，了解基金的投资品种和投资范围，从中相对容易清晰地了解基金在股票、债券和现金等大类资产的配置比重，因为这往往是影响基金风险收益特征最主要的因素。在国内，现行的法规对于基金的投资必须遵循其名称意旨具有一定的规定；在国外市场，例如美国证监会几年前就颁布法规，严格地要求共同基金必须遵循其名称意旨进行投资。在遵守法规的前提下，产品的设计者和提供商即基金公司，往往希望为未来的投资运作留出足够的空间和自由度，只是摇摆的空间大小不一，所以，招募说明书也不一定能说明基金全部的故事。对于建完仓并开始披露投资组合报告的基金，应关注其实际的投资组合。

二、基金理财三部曲和避险三原则

2009 年以来，A 股市场反弹强劲，先是小盘股持有者赚个盆满钵满，后是大盘股异军突起。对于投资者来说，谁不想把握瞬息万变的市场行情，规避市场波动风险呢，但知易行难。随着 A 股反弹行情走向纵深，“轻指数、重个股”已经成为下一阶段行情的主基调，也再度考验基金持有人的投资智慧。基金持有人必须深入了解不同类型基金的特点，构建适合自己的资产组合。

一般情况下，基金理财不是一夜暴富，对于绝大部分人来说，应更着眼于长期增值，抵御生活风险，保护和改善未来的生活水平，达成多年后养老、子女教育等长期财务目标，所以要保持平常心。投资基金前，应留出足够的现金资产作为应急准备，一般至少要能应付 4 ~ 6 个月家庭的必要支出，还可以进行必要的保险。

所以，基金理财走好三部曲是很重要的。首先，根据年龄、收支、家庭负担、性格等，估计自己的风险承受能力和变现需求。其次，根据风险承受能力和变现需求，挑选适当的基金类型，确定各类型基金的投资比例。再次，在各类型基金中，精选长期业绩稳定、良好的基金。

随着年龄增长，人们的风险承受能力一般会逐步降低，

因此在不同的年龄段，需调整激进型理财工具（如股票型基金）和稳健型理财工具（如债券型基金、超短债基金、货币市场基金）的投资比例。

●对于55岁以内的工薪族来说，100减自己的年龄，是投资股票型基金的参考比例，其余资金可投资货币型基金或债券型基金。

●对于55岁以上、接近或已经退休的年长人士，不妨以货币型基金、债券型基金为主进行投资，投资股票型基金的比例最好不要长期超过20%。

在此基础上，个人可根据收支、家庭负担、性格等具体情况，对自己的基金组合比例作些调整，如：短期支出较多的，家庭负担重的，或性格非常谨慎、难以承受压力的，可适当增大债券型基金、超短债基金、货币市场基金的投资比例，以降低风险，增强变现安全性；反之，盈余资金持有时间长的，或收入高的，或家庭负担轻的，可适当增大股票型基金的投资比例，以图长期增值。

在各类别内挑选基金时，一是优选品牌基金公司，因为一般来说，这类投资团队人员充足，经过长期磨合，经验丰富，比较忠诚稳定，并有严谨的流程保证，有利于创造长期、稳定、良好的业绩；二是优选品牌基金经理，因为过往基金的长期良好业绩记录，常能体现出稳定优良的投资运作能力；三是选择适当的细分产品，例如选择股票基金时，可适当搭配指数型股票基金，如果定期定额长期投资指数型股票基金，均摊成本的效果也更明显。

广大基民除了做好理财三部曲外，避险增收三原则也是必须要关注的。对于大部分追求长期增值的投资人来说，长期保持投资、基金组合投资、充分投资，既是增收的法宝，

也是控制风险最基本、最简便易行的方法。

长期保持投资

基金投资是一种新的生活方式，长期坚持，能持续分享理财硕果，规避风险。例如：某先生于2005年8月购买了一只指数型股票基金600万元，在其后的几个月内，因市场波动出现10%左右的浮亏。由于这笔资金是他在较长时间内用不着的，就一直持有。2006年12月，他获得了超过70%的回报，即增值400多万元。可惜的是，不少投资人因缺乏长期持有理念，早早了结，有的甚至“割肉”出局，白白丧失了增值的机会，甚至还造成了损失。特别是那些刚刚熬过几年熊市，当基金刚重返面值，就匆匆退出，而没有享受到随后翻番收益的投资人，可能更需要调整理财方法。

另外，保持投资也十分必要。低买高卖是不少人在实战中的心态，但这种“择时”策略对专业人员来说都很不确定。普通人更会受到贪婪、恐惧等人性弱点及股市的不确定性影响，难以找到所谓的“低点”或“高点”。实证表明，2006年4月26日至5月15日的9个交易日内，上证指数的涨幅达到2006年上半年总涨幅的1/3，可见保持投资反而简便有效。

再有，为帮助人们长期投资、保持投资，很多销售机构推出了定期定额的投资方式。定期定额是指与银行等销售机构事先签好协议，每月某一时间自动扣款，用一个固定金额投资基金，类似零存整取那样，力争获得长期、较高的回报。比如，对于普通家庭，每月投资基金1000元，假设平均年回报率稳健居中，为10%，20年后可增值200%以上，拥有大约76万元的资产，能在很大程度上保护和提升未来的生活水

平。

定期定额的好处在于：平均成本，均摊风险；积沙聚塔，复利效果显著；克服贪婪、恐惧的人性弱点，保持投资；省时省力，不用去网点排队。

基金组合投资

既然大部分情况下基金理财是持久战，就需要从长计议。牛市时，用很多钱投资股票类资产或股票基金，确实容易很快实现较高回报，但也有较高风险，反而减少了长期增值的本钱和赢利空间。

组合投资能让不同类型的基金取长补短，让基金组合更好地满足投资者多样化的财务需求，帮助投资者以时间换空间，稳定地获得长期增值。比如，股票型基金能创造长期较高收益，债券型基金、超短债基金、货币型基金能有效分散股市风险，力争高于银行存款的收益，保持方便的变现和分红。基金组合投资遵从基本原则，但因人而异。这里列举几个典型案例，供投资者在此基础上调整使用。

●“白骨精”组合：正值财富创造高峰的中青年，特别是白领、骨干、精英，可参考下表进行投资。

基金类型	配置比例
配置混合	10%
股票型	25%
股票型	15%
股票型	20%
股票型	30%

●“懒人族”组合：35～45岁，家庭、事业稳定，收入中等以上，工资基本“爬在卡上”的工薪阶层，可参考下表

进行投资。

基金类型	配置比例
配置混合	30.95%
股票型	26.53%
指数型	21.09%
偏股混合	14.46%
货币型	6.97%

●“夕阳红”积极组合：55～60岁，或风险承受力较强的年长者，可参考下表进行投资。

基金类型	配置比例
配置混合	30.95%
偏债型	26.53%
指数型	21.09%
偏股混合	14.46%
货币型	6.97%

●“夕阳红”保守组合：退休人士，或基本不能承受本金波动性损失的年长者，可参考下表进行投资。

基金类型	配置比例
指数型	30.95%
偏债型	26.53%
货币型	21.09%
偏股混合	14.46%
配置混合	6.97%

充分投资

不少人都在寻找“低风险、高收益”的投资方法，其实，充分、合理地投资，就可以在控制适当风险的情况下，

贡献较高的长期收益。例如，假设有100万元可投资，如果只拿出10%，即使承担较大风险投资股票类资产，获得10%的收益率，总体收益率也只有1%，获利1万元；相反，如果全部投资，通盘布局，即使将较大比例的资金投资低风险的固定收益类资产，获得5%的收益率，总体收益也可以达到5万元。

三、通胀下的基金投资策略

2009年，随着基金业对CPI转正的强烈预期，基金经理们在通胀受益板块中的布局也变得激进起来，这从上市公司季报中可窥得一斑。有色金属板块中，以焦作万方为例，第二季度末前十大流通股东中基金占有6席，合计持有2000余万股。到了第三季度末，该股前十大流通股东中基金占有8席，持股量猛增至4000多万股。此外，社保基金也持有890万股。房地产板块中，以上实发展为例，截至第三季度末，前十大流通股东均为基金，合计持有1.27亿股，占该股已流通股本的14.6%，中邮基金、华夏基金和易方达基金旗下多只基金均大手笔增持。由此可见基金对通胀受益板块的热衷程度。我们基民该怎么做呢？

事实上，我们应重点关注持有有色、地产等通胀板块的基金。以云南铜业为例，在10月19日的强势涨停中，两家机构专用席位阔绰出手1.9亿元，按当日收盘价计算，合计买入约633万股。而在此轮反弹中，上实发展、江西铜业等也纷纷出现涨停板，其中不乏基金的推动。

在基金三季报中，不少基金也明确表示对通胀受益板块的青睐，这预示着第三季度大手笔增持通胀受益板块，有可

能只是行情的开始。融通行业景气基金就在三季报中明确表示，如果海外市场继续走强，将阶段性地出现通胀预期强化的状态，导致资产和资源行业的阶段性强势。因此，该基金在保持对赢利超预期的中下游制造业板块的超比例配置的基础上，将通过超配房地产等板块获取可能的通胀预期带来的超额收益。

抓住这样的机会，我们基民就会跟随基金经理激进布局通胀受益板块而获得较高收益。这一点，在其投资策略报告中有着明显的体现。尽管2010年实际通胀未必起来，但是居民和企业可能会形成通胀预期，因此，看好受益于通胀预期的行业，主要是地产、银行、保险和资源品。长城基金明确表示，投资主线之一是把握通胀预期加强背景下的投资机会。在通胀预期进一步强化后，资产、资源行业会显著受益，股市、楼市、大宗商品、能源价格都会有所提升。

从基民的切身感受和微观调研结果来看，通胀其实已经来临，这是导致各家基金都热衷于买入通胀受益板块的原因。目前市场上很难找到特别大的机会，在通货膨胀压力和需求放缓的情况下，很难找到让人眼前一亮的行业机会。基金在这时候只能采取降低仓位、继续观望的策略。如果非要说机会，在这种环境下，能够对抗通胀的行业，比如说新能源、农业、医药等行业在中长期还是存在一定机会的，至少比较抗跌。

那么，在通货膨胀中，投资者应该重点关注持有哪些股票的投资基金呢？我们从以下几方面谈一谈。

第一，消费品行业。受到食品价格快速上升和居民收入加速增长的影响，消费品价格也会出现一定涨幅。不仅如此，一些产能巨大、供应略大于需求的耐用消费品行业也会受到

一些正面影响，比如轿车。

第二，服务业。其典型代表是航空服务业。居民收入上升带动服务量不断增长，例如民航2007年前两个季度客座率同比和环比都有一定程度的增长，第二季度客座率环比上升1.8%，同比上升1.5%。物价的全面上涨也导致票价不断上升，2007年国际票单价明显高于2006年和2005年。2006年普遍能够获得7折左右的机票，2009年机票折扣率上升到8折，最热门的京沪航线2009年夏季以来全部是全价票。

第三，非贸易品要素行业和国内订价要素行业。这类要素价格的攀升，一方面受益于国内物价的全面上扬，另一方面也是人民币实际汇率上升的典型案例。所以，我们观察到，土地（最典型的非贸易品）价格不断上升，全国土地交易价格指数迅速反弹。而煤炭（最典型的中国订价资源），其国内价格一直高于国际价格，是少数大宗商品中国内价高于国际价的。

第四，部分大宗商品，如钢铁。观察海外钢铁价格指数，我们发现欧洲和亚洲的钢铁价格一直强劲。例如上轮通胀下，亚洲钢铁价格指数甚至在2007年5月还创下了历史新高。

此外，在CPI大幅攀升的时候，政府更加不愿意放开成品油订价机制，他们担心一旦放开管制要素价格，将不可避免地进一步推高物价水平。食品价格的上升反而不利于政府管制要素价格的市场化。

第十二章　家有黄金，保值放心

一、投资黄金，抵御通胀

索罗斯在2009年说："通胀是逃不掉的，联邦储备的资产负债表从去年9月的8000亿美元增长到了年底的2万亿美元，而且还担保了8万亿美元的债，所以总数是10万亿美元，如果信贷重新开始流通，就将会有巨大的恐惧。"美联储打算用下一个泡沫来拯救本次泡沫的破裂，换言之，危机并没有真正过去，只是把一场急性疾病拖成慢性疾病。伴随着美联储的"开闸放水"，美国的实体经济则是另一番景象，通用汽车的破产是美国最大的工业企业破产事件。据测算，通用的破产将连累上下游数百家企业一齐倒闭，一个汽车制造业岗位可以带动7.5个相关领域岗位，在最坏的情况下，将会有超过250万人失业。这就是通胀的危害，让我们目瞪口呆。

通胀来得快，我们老百姓也有一定的责任。因为人们已经估计到通货膨胀要来，因此预先做好准备，避免通胀给自己造成损害，然而人们防范通胀的措施本身就会造成资产价格的上升。换言之，人们对通货膨胀的预期本身就会加快通

胀的到来。在这种情况下，资产价格会被全面推高，除了买股票、买房子，还有一种更加稳妥的投资——买黄金。

在通胀过程中，黄金的走势和通胀密切相关。全球经济前景黯淡，股票、房产以及大宗商品等资产都出现了大幅度的缩水，在目前各类资产市场波动加剧，经济前景尚不明朗的情况下，黄金以其良好的抗风险能力备受投资者的青睐。黄金市场从2001年开始的超长期牛市依然在延续。由于黄金兼具商品和金融两种属性，所以影响黄金价格的因素很多，且比较复杂。除供求关系外，美元指数的变化、CPI指数、国际政局变化、原油价格变化是影响国际金价的最主要因素。其中CPI指数、国际市场原油价格、国际政局变动与国际金价具有正相关关系，而美元指数变化与国际金价具有负相关关系。当市场的通胀水平高时，由于黄金优越的保值功能，市场倾向于购进黄金，所以黄金与通胀成负相关关系。纵观历史，每次黄金的上涨都是由于避险的需要，或者是规避通货膨胀风险，或者是规避战争、金融市场的动荡，或者兼而有之。

自1913年美联储成立以来到2007年，美国的CPI指数复合起来为2200%，物价上涨22倍；黄金则从当时的20.67美元上涨到2007年年底的840美元，上涨了40.6倍。这就是1913—2007年黄金和CPI的走势。

2009年，美国政府宣布将基准利率维持在历史最低点0至0.25%不变，并开始大量购入债券。这意味着美联储将充分发挥手中“印钞机”的功能大量印制美钞来向市场注入流动性。美联储如此“印钞”的目的有可能意在让美元贬值，因为美元贬值在一定程度上有利于美国出口和美国整体经济。但从全球市场看，作为全球贸易的基准货币，美元数量化扩

张，其他主要经济体必然被动跟进，其他一些国家货币也将出现贬值，形成全球性的通胀压力。通胀发生过程中不可避免地发生商品价格上涨，但黄金与其他商品比较，黄金的金融属性大于工业属性，黄金抗通胀的表现要强于其他商品。

在避险需求和通胀预期这两大因素的支撑下，黄金价格的中短期走势和长期走势均保持上涨的格局。由于对美元贬值的预期明确导致黄金投资需求量大幅增长，全球矿产黄金增长幅度有限，而各国央行也将改变对黄金的看法，会适时收储，这些都将刺激黄金价格走强。

二、黄金投资并不神秘

黄金一向具有很强的神秘感，加上我国有“藏金于民”的优良传统，黄金独特的魔力吸引着人们为它疯狂。在几千年的人类历史中，黄金自从被发现起，就成为财富与价值的永恒象征。随着我国居民收入的不断提高和人民理财热情的高涨，如何发挥黄金在个人理财中的优势，成为一个非常现实而重要的问题。“金银天然不是货币，货币天然是金银。”这句话表明了黄金作为价值的代表，在个人理财中具有显著的优势。其实，投资黄金并不神秘。

黄金由于自身具有的保值避险功能，历来深受百姓喜爱，“家有黄金千万两”成为了人们梦寐以求的事情。在现在的社会里，黄金从长期来看，价值增幅不大，持有黄金不会太吃亏，但是也不会获得很大的收益。正是因为其长期价格的稳定性，以及投资的国际性，黄金可以作为我们大众投资理财的新宠。

黄金与其他信用投资产品不同，它的价值是天然的，而

股票、期货、债券等信用投资产品的价值则是由信用赋予的，是信用就有贬值甚至灭失的风险。在通货膨胀和灾难面前，黄金保值避险的优点就显示出来，黄金因此被比喻为家庭理财的“稳压器”。黄金价格通常与多数投资品种呈反向运行，在资产组合中加入适当比例的黄金，可以最大限度地分散风险，有效抵御资产大幅缩水，甚至可令资产增值。

与古时候藏金于屋不同的是，现在可以投资的黄金产品非常丰富，产品有纸黄金、实物黄金、黄金期权等。对于追求投资增值的投资者，我们建议选择纸黄金比较好；但对于保本增值型的投资者，则以收藏具有纪念意义的实物金较好。投资黄金的方式也很便捷，如纸黄金，在网上就可以直接购买，这里我们给大家介绍三种黄金产品以及具体的购买方式。

实物黄金——保值投资首选

实物黄金包括金条、金币和金饰品。目前国内的实物黄金包括以下几个部分：

一是金条。投资金条（块）时要注意，最好购买公认的或当地知名度较高的黄金精炼公司制造的金条（块），比如银行和业内最知名的金店。一般金条都铸有编号、纯度标记、公司名称和标记等。如由工商银行自行设计的“如意金”，首批推出的成色为Au99.99，规格为50克/条，是委托伦敦黄金市场协会认证的国际标准金银锭生产免检精炼企业铸造，每根金条上都刻有“中国工商银行”标志并配备唯一编号及品质证书，其售价与国际市场黄金价格挂钩，透明度高，具有较高的投资和收藏价值。

二是金币。金币有两种，即纯金币和纪念性金币。纯金币的价值基本与黄金含量一致，价格也基本随金价波动。纯

金币主要为满足集币爱好者收藏。由于纯金币与黄金价格基本保持一致，其出售时溢价幅度（即所含黄金价值与出售金币间的价格差异）不高，投资增值功能不大，但其具有美观、鉴赏、流通变观能力强和保值功能，所以仍对一些收藏者有吸引力。纪念性金币由于存在较大的溢价幅度，具有比较大的增值潜力，其收藏投资价值要远大于纯金币。

三是金饰品。对于金饰来讲，其投资意义要比金条和金币小得多，原因是金饰的价值和黄金的价格有一定的差距。虽然饰金的金含量也为0.999或为0.99，但其加工工艺要比金条、金砖复杂，因此买卖的单位价格往往高于金条和金砖，而且在单位饰金价格（元/克）外，还要加上一些加工费，这就使饰金价格不断抬高。饰金回收时折扣损失也大，其主要功能是美观和装饰用。金饰品变现损耗较大，保值功能相对减少，尤其不适宜作为家庭理财的主要投资工具。

购买方式：投资性实物金在黄金交易所交易，纪念性金币、金条可以在银行或者产品代销点购买，装饰性的实物金在金店购买。

纸黄金

纸黄金是由商业银行推出的黄金投资品种，它不能提取黄金实物，只是一张凭证，由银行代投资者在交易所进行买卖，从中赚取差价。纸黄金指投资者在银行开立黄金账户，并根据银行的报价，买入或卖出黄金份额。投资者的黄金份额在账户中记录，通过低买高卖赚取差价，而不提取实物黄金。开立黄金账户后，投资者就像拥有了一本“黄金存折”，不用考虑黄金的存储、成色鉴定、重量检测等复杂的操作，也没有交易费用，只要通过把握市场走势低买高卖，就能赚

取黄金价格波动的差价收益。目前很多银行都开通了纸黄金交易，如建行、中行和工行等。各家银行的纸黄金业务入市门槛较低，适合一些初入市场或资金不足的散户，这也是我们可以选择的最佳黄金投资渠道。

目前，市场上各家银行根据不同客户的需求，分别推出了适合不同需要的黄金投资品种。以工行的“金行家”为例，它同时涵盖了实金和纸金的投资范畴。作为国内唯一采用纸黄金交易方式来买卖的实金，“金行家”个人实物黄金投资产品与国内黄金市场直接挂钩，个人既可以将买入的黄金提取出来，也可以不提金而在账户上开展黄金买卖投资操作。这些都是黄金的投资渠道，可以肯定的是，随着黄金交易的需求，交易的方式也会越来越多。

购买方式：纸黄金的购买程序很简单，四大商业银行与其他几家银行都有相关业务。投资者只要带着身份证与不低于购买10克黄金的现金，就可以到银行开设纸黄金买卖专用账户。专用账户开通后，投资者只要按照银行发放的“纸黄金投资指南”操作，就可以通过电话查询当日的黄金价格或进行直接交易。电话银行交易的全过程与股票市场的电话交易基本相同。

黄金市场上的衍生产品

黄金市场上的衍生产品主要为上海金交所的黄金现货延期交易和中行推出的黄金期权，这些都是一种准期货性的黄金交易，杠杆效应大，收益与风险也随之放大。值得注意的是，黄金衍生品交易还为投资者提供做空黄金的工具，在黄金价格下跌时仍有获利机会。例如中行的期金宝业务，只要对黄金价格的走势判断准确，不论黄金大涨还是大跌，投资

者都将有机会获利。期金宝的另一个特点在于其投资起点门槛较低，投资者只需根据中行报价支付相应的期权费便可基于自己对黄金走势的判断赚取收益。

购买方式：黄金期权产品可以在银行咨询、购买。

三、投资黄金有妙招

随着国内黄金市场逐步开放，个人黄金投资品种先后出台，给普通黄金投资者提供了多种选择。黄金作为投资的一个重要组成部分，从资产的安全性、变现性考虑，可作为一种投资标的，纳入整个家庭资产的投资组合中，是一种理智的选择。但作为普通黄金投资者，应怎样理智地进行黄金投资呢?

首先，要了解黄金投资品种及特点。

第一，了解国内可供选择的品种。上海金交所提供的品种有：现货黄金 Au99.99、Au99.95，现货延期交易 Au（T + D)，国有银行提供的黄金账户产品（又称纸黄金）等。纸黄金采用投资者开立黄金账户的方式进行，交易起点较低。

第二，民间黄金投资通常采用实物黄金投资。通常民间投资黄金是买入黄金现货实物来进行投资。有多种选择：一是在一些产金地区买入成色在 Au95 以上的金块，此种购买方式价格相对较低，黄金含量不标准，出售时金含量测定手续烦琐。二是产金区外多数黄金投资者是通过买入首饰来进行投资的，与金块投资相比利润减少很多。还有一部分人投资金币，其远期价值很高，而投资收益较小。比较可行的黄金投资应该是投资金条、金块，虽然金条和金块也会向投资者收取一定的制作加工费用，但这种费用在一般情况下是比

较低廉的。只有一些带有纪念性质的金条、金块，其加工费用才会比较高。金条、金块的变现性非常好，并且一般情况下在全球任何地区都可以很方便地买卖，大多数地区还不征收交易税，操作简便容易，利润比较可观。

第三，了解国际黄金交易商提供的黄金期货、黄金期权、远期黄金交易。这些投资品种都可放大资金 30～60 倍，但利润与风险共享。目前国内黄金市场还没有这些品种，随着国家对黄金市场监管和相关的政策出台，这些品种也会逐渐开放。

其次，投资黄金应注意选择市场和品种。

我们在了解了黄金投资品种的基础上，应选择适合自己投资的市场和品种。黄金价格 24 个小时不间断波动，并且在世界不同的地区，黄金价格的波动空间也有很大的差异。亚洲金价是随着欧美地区金价的变动而变动的，因此正确地选择市场很大程度上是决定普通黄金投资者成功的关键。

第一，正确选择国际黄金市场和国内黄金市场。

国际黄金市场：伦敦市场、苏黎世市场是以现货为主，纽约市场、芝加哥黄金市场是以黄金期货为主。香港黄金市场既有现货又有期货。目前我国还没有全面开放国际性的黄金期货、黄金期权、黄金保证金交易等品种，因为这些品种操作起来比较复杂，地区交易时段黄金价格差价大，有一定技术含量，风险较大，比较适宜有一定金融交易基础的投资者，不适宜普通黄金投资者参与。

国内黄金市场：上海金交所提供的黄金现货和黄金现货延期交易，都是可操作性较强的品种。随着时间的推移，上海金交所将逐渐降低门槛，为更多的普通大众开辟黄金投资渠道。

国有银行推出的纸黄金：2003 年中国银行推出的黄金宝（个人实盘黄金买卖业务）、中国工行推出的金行家。投资者开立黄金账户，仅用于黄金买卖交易的账面收付记录，不可转账或兑现实物黄金，也不计付利息。交易标价直接参照三大国际黄金市场价格 24 小时滚动报价。交易不收手续费，采取点差方式，方便快捷，操作简单，无须保管实物，大大降低了投资成本，能在黄金大牛市中赚取丰厚的利润，适宜广大普通黄金投资者参与。

第二，普通黄金投资者想在黄金市场投资成功，就要把握趋势、顺应市场。

黄金投资市场是一个全球性的投资市场，每天的成交额巨大，任何机构甚至欧美中央银行都无法操控市场。全球统一的报价体系，每天 24 小时双向交易机制无一不体现了黄金市场的公平与公正。它所具有的全球流通、保值性强、赢利稳定、无税金等特点更是股票、期货、房地产所无法比拟的，而这些优势正让越来越多的投资者产生共鸣。随着国际黄金市场的逐渐升温，黄金投资市场可以说商机无限。就投资价值来讲，黄金是最有价值的投资品种，在特殊情况下，黄金的价值就尤为显现。了解黄金的特殊性，把握好变化趋势，就能在黄金大牛市中赚取巨大利润。

我国黄金市场开放以来，所有参与黄金市场的投资者，并非都从黄金市场的大牛市之中分到了一杯羹，这是市场的选择与自己对市场的驾驭能力不能吻合造成的。目前，不少投资者参与一些保证金交易，由于存在做空机制以及 10～60 倍以上的高杠杆效应，使得不少踏反节拍的投资者损失惨重，大量“学费”进入他人的腰包。当然，也有踏准行情的黄金私募基金赚得盆满钵满，资金翻上几番，但毕竟凤毛麟角。

绝大多数参与保证金交易的投资者只有惨痛失败的记忆，主要原因是缺乏对黄金市场的认识和市场的选择，缺乏对市场方向的驾驭能力，缺乏成熟有效的投资理念，缺乏参与黄金衍生品市场的资金管理能力，缺乏对黄金市场投资的认识，缺乏相关联的金融交易经验。

普通黄金投资者如能理智考虑国际黄金市场与国内黄金市场之间的差异，从中理解国家有关的政策初衷，了解国内黄金市场发展初级阶段的传统观念，黄金市场的牛市行情还能错过吗？如能在以后上涨行情中把握趋势和正确的投资理念，分清楚市场、品种及其特性，普通黄金投资者的黄金投资收益将非常可观。

第十三章 保险投资

起始于华尔街的这场次贷危机，成为笼罩全球经济最大的一片乌云。在它的冲击下，美国国际集团、美国大都会人寿保险、日本大和生命人寿保险先后出现了严重危机。有专家认为，相比银行业，保险业受金融危机波及的程度更明显。在这样的情况下，我们要不要进入保险市场进行投资？让我们先来认识一下保险市场。

一、审视保险业

保险业在西方发达国家是很重要的行业。20 世纪末，美国每 150 人中就有 1 人在保险行业就业，如果算就业人口，每 67 个人中就有 1 人在保险行业就业。保险业的就业总人数在过去的 40 年间一直处于上升趋势，最近几年开始持平，主要原因是电脑的普遍使用和商业银行的竞争。

保险的原理其实很简单，就是分散风险，防备万一。如果真有了“万一”，那时候你可能需要钱，所以你就得平常留出一点儿预备着。就像中国古代的那个笑话，卖油人的老婆每天偷舀出一小勺油，等到年底揭不开锅了拿出来卖掉。但是这里面有一个问题：预留出来的那部分钱是不太好拿出

去投资的，因为谁也说不好“万一”到底何时到来，所以这部分钱最好是留成现金，或者是最容易变现的有价证券，因此它的回报不是很好；而且，人们总是会担心留出的钱到底够不够。保险业就是解决这两个问题的。通过把许多人的钱混合起来，就能把相当一部分钱投到风险比较大但是回报比较高的资产上。将人们的钱混合起来的另外一个好处就是能取长补短，应付更大的“万一”，这样人们的担心就会小一些。

保险主要分成两种：一种是人寿保险，另一种是财产和意外保险。

最简单的寿险就是投保人去世后给投保人指定的受益人一笔或多笔收入。当然，现在的寿险花样繁多，许多寿险都会在投保人退休之后为投保人提供收入，实际上是寿险和储蓄的结合。寿险的保费和投保人的年龄、性别、平均寿命及其他一些因素相关（比如吸烟与否）。

财产和意外险保的是投保人的车、船、房屋之类在遇到火灾、水灾等情况下所遭受的损失。该险种一般保期比较短，保费经常变动，保费和出现各种灾害的可能性相关。比如车保，如果司机是个新手，那么他的保费就要高一些，因为新手出现事故的可能性一般较高。

保险业最大的市场是美、日、英、德和法。美国每年的保费超过1万亿美元，欧洲各国加起来也有七八千亿美元，其中不到一半是人寿保险的收入，但是每个国家的比例不同。保险业是一个周期性非常强的行业，取决于股市和债市的表现以及大自然灾害的发生频率。

二、保险是如何赚钱的

从金融的角度来看，保险行业赚钱主要有两条途径：通过合理投资使资产的回报增加，通过销售合理风险的产品和积极管理来降低负债方面的金融风险。资产投资赚钱是直截了当的事情，和其他金融市场的参与者的目的一致。许多国家保险公司在销售人寿保险的时候都会保证最低投资回报，尤其是在利率很高的时代。如果存款利率是5%，那么保证2%的最低投资回报看上去一点儿问题都没有。但是2008年年底美国的利率降低到接近0，日本在很长一段时间的利率都接近0，要想达到最低投资回报，保险公司就不得不增加投资风险，或者拿出盈余来制定最低回报。历史上很多保险公司都是因为这个原因而破产，但是在利率高的时候，因为竞争大家又会纷纷加上最低回报的保证。

保险行业另外一个赚钱的方法是可以尽量争取资产和负债的匹配。对于寿险公司来说，他们的负债是长期的，基本可以测算出来。很多保险公司在最近六七年中大幅度提高长期债券的投资份额，而降低了股票的投资份额，这使很多保险公司在这场金融危机中躲过了风头。

三、通胀下的保险投资

保险业也正处于通货膨胀压力之下。通胀压力的增大，实体经济的不稳定性，限制了保险业的投资力度，保险企业要想创造增值变得更加困难。通胀压力的增大，迫使保险公司提高

保费费率，这加重了大家购买保险进行理财时的负担。

面对通胀来临，很多投保人都会顾虑重重——现在保险公司承诺到退休后每月发 1500 元保险金，可是随着货币贬值，将来这点保险金能值多少啊？

买保险担心兑现时保险金“缩水”可以理解，不过，在这里笔者建议，为了有效“抗通胀”，可购买投资型保险，使保险金随着利率、通胀及保险公司投资收益的波动而保值增值。

传统保险采用固定费率和定额给付方式，这种保险无法应付利率波动和通胀带来的影响，投保人一旦购买了此类保险，保费与保额就不再改变。当利率下调、通货紧缩时，保险公司将面临“赔钱”风险；当利率上浮、通货膨胀时，保险公司又将面临投保人退保的风险。为了有效预防上述两种情形出现，投资型保险应运而生。

“保险理财有两层意思，包括保险产品具有保障功能，还有保险本身附带的理财功能。”中国保监会政策研究室主任周道许指出，保险的理财功能能实现保险资金的增值。这种增值是依据投资型保险长期投资所带来的。

目前，能够有效达到理财功能的保险有分红险、万能险和投连险。从长期来看，此三类保险都有可能“抗通胀”。

分红险是保险公司将其实际经营成果优于订价假设的盈余，按一定比例向客户进行分配的新型人寿保险产品。若购买分红险，投保人除了享受固定的保险利益外，每年至少可分享保险公司 70% 的分配盈余作为红利。保险公司都有专业的投资团队，在抗通胀方面都有较强的能力。

万能险属于利率敏感型保险产品。一旦央行加息，万能险资金在银行的大额协议存款收益必然会增加，公司给投保

人的结算利率也会随之提高。此外，万能险还有保底利率，能有效防止保险公司收益大幅下滑对投保人造成的不利影响。

解释投连险的中国人寿资产管理有限公司董事长缪建民还指出，投连险的保单现金价值可以随着投资账户收益的不断提升而增加。保险公司将客户投连险投资账户里的钱投到股市、债市、银行理财产品等并进行合理的搭配，以保证现金价值或增长，或超过通货膨胀率。当资本市场发生变化时，投保人的投资资金可在风险不一的各账户中进行转化，以规避风险、实现保值增值。

另外，为了有效防止通胀带来的保险金“缩水”，可选择保额逐年递增的保险产品，如保额每年递增5%，基本上可以达到“抗通胀”的目的。

不过，投资型保险属中长期投资，投保人不能急于要求保险资金在一两年就取得很可观的收益。若投保人在短期内退保将得不偿失，因为保险公司会在前三年或前五年内扣除相当一部分经营费用。

第四篇

少数人的投资游戏

第十四章 炒 房

尽管在人类历史上，房地产作为资产性投资早已出现，但在我国则出现得比较晚，原因是我国长期实施计划经济调节方式。然而，自1998年实行住房货币化改革以来，居民的自有住房率已经超过50%，住房市场化让很多居民改善了住房条件；但在一些城市，由于对房地产宏观调控的力度不够，带有投机性质的炒房行为开始出现，规模和范围逐渐扩大，造成房价虚高的现象。

一、炒房与防通胀

在《奋斗》这部热播的电视剧中，杨晓芸妈妈市侩的“房虫”形象让人印象深刻，他们靠倒卖房子挣差价发财。“比炒股挣钱快，比炒股挣钱多，一年投入100万元就能挣回100万元，投资最短一个月见效，最长两三个月，不用担心欠账，不用耗时间盯着。”其实，在我们身边活跃着这样一群人：他们手里不止一套房产，自住以外的，或者用来出租或者空置着等它升值；他们可能轻轻松松一掷千金，也可能每月承受数万元的房贷负担；他们投资的对象可能是三五百万元的二手住宅，也可能仅仅是一个三五十万元的小铺，或者

是三五千万元的豪华别墅……环顾四周，我们会发现炒房是一种风险与暴利同在的投资工具。

我们看到，经过2008年包括房地产行业在内的世界经济的衰退，到2009年经济复苏，特别是中国房地产市场的快速回暖，不动产投资者在这一个周期中获得了相当可观的收益。加上人们对行业态势的持续看好，越来越多的人加入不动产投资者的行列。目前房地产正处于一个从居住市场向投资市场转变，从本地购房市场逐渐走向全国市场，甚至全球市场的过程中，这一过程拉动了房价快速上升。房地产价格飞速发展的过程中，真正赚到暴利的除了开发商还有炒房者。

我们来看看温州炒房团是如何炒房的吧。“我带队在广西看房子，明天就去杭州，原本我们要在广西再待一天，可有‘情报员’说杭州滨江有一些好楼盘要开盘，让我们过去看看，队员和我商量后决定，马上回杭州。”一支近百人的温州太太炒房团队伍在团长陈先生的带领下，活跃、奔忙于全国各地，一听杭州有好楼盘，陈先生马上带队“杀奔”杭州。

陈先生带领温州太太炒房团已经5年了，为了能随时腾出时间炒房，他平时只在朋友的公司帮忙。刚开始他一个人在全国各地看房、买房，因为买房很少“失手”，再加上时间长了，有了经验，慢慢在温州也小有名气，想跟着他一起去炒房的人慕名而来。因为他很耐心，而且眼光准，特别被一些太太“看好”。现在他的炒房团里的成员有上百人，太太们就占了一半以上，而且几乎遍布温州各地。

2008年下半年开始，陈先生带领的炒房团开始蛰伏。2009年上半年，沉寂一时的队伍又开始“活跃”了。“炒房产是温州草根经济转型的一方面。靠卖皮鞋、卖衣服、卖纽

扣积累了一定的经济基础后，温州人的眼光放开了，男人继续在家办企业，女人们则剥离出来，将资金投入到能产出更大效益的房地产上来。温州、杭州等地房价，真是上午一个价，下午一个价。现在看就是买进和卖出快不快了，如果快的话，一天就能赚10多万元。”陈先生说。

在2004年至2008年上半年这波房市大行情中，以温州为代表的民间资本及国外资本四面出击房市，获得了超高额的利润。房地产本质上是一种寄生经济，也就是说，房地产的繁荣与否，是看依附的这个经济体的。改革开放30年，中国经济加速发展，这是房地产市场长期利好的一个重要原因。然而，经过这几年急速的发展，房地产市场特别是国内几个超级大城市，已经出现了相当的泡沫，这时贸然入市，其风险不容忽视。我们从2008年的经济调整中，也见识了房价回调的威力，以深圳、东莞为例，在短短的半年内，房价跌去将近30%，很多投资者的资产成为负资产。再远一点，20世纪90年代海南楼市的崩盘，让很多投资者血本无归。这些惨痛的经历让我们必须警惕楼市的风险。所以说，在现阶段的中国，炒楼是一种风险与暴利同在的投资工具。

房地产作为一种有代表性的实物资产，比金融资产和其他实物资产，在通胀情况下的保值增值功能有相对的优势。从我国1998年全面推进住房制度改革到现在，房价的总趋势是上涨的，尤其是近几年价格涨幅十分明显；同时，随着我国经济实力的增强，人们手中的可支配收入逐年增多，在满足了基本的居住需求的基础上，对住房的改善性需求会随之产生；我国历来就有“买房置地”的传统思想，这不能不对房价的进一步上涨起到推波助澜的作用。房地产投资建设周期长，而且数量有限，当需求上升时，它的存量调整相当缓

慢，需求上升的压力往往通过价格调整而非数量调整来加以释放，因此在通胀发生时，它的涨价幅度常常高于普通商品，甚至高于通胀率。更由于房地产所依附的载体——土地是一种稀缺资源，供不应求是常态，这在人多地少的我国更是如此；在土地紧张的情况下，市场机制的作用必然通过价格的上涨来实现土地的供需平衡，而地价的上涨又必然会带动房价的上涨。从现实经验看，近些年我国每年的房价涨幅都跑赢了 CPI 涨幅。因此，有理由认为，在通胀环境下，要想抵御通胀风险并实现保值甚至增值，投资楼市是一种不错的选择。

二、选房、购房全攻略

温州炒房团是近年来被人们关注的焦点人群，他们所关注的楼盘往往是地段优越、转手迅速、有投资意义、稳赚不赔的楼盘。那么，温州人是如何动用巨额资金进入全国各地的房地产市场的呢？什么样的楼盘会成为他们的首选？这种选择又存在何种规律呢？

对于住宅，除地段、环境、价格等因素外，温州人更看重期房。他们普遍认为，期房入住后，即可升值；而经过短期升值，又入住不久的楼盘，出手获利最容易。考虑到投资者中有投资新房和投资二手房的两个群体，所以在给大家介绍的时候也分成新房选择和二手房选择两部分来进行。

对于新房的选择来说，以下几点是很重要的。其一，新房的信息来源。新房的信息来源有很多，投资者可以通过报纸、网络等轻松获得相关的新盘信息；另外，投资者也可以在目标区域内多走多看，这样能尽快、准确地获得所需楼盘

的情况。其二，楼盘分析。在获得了某楼盘的信息后，投资者需要利用所掌握的资料来分析此楼盘。投资者可以从以下几个角度来进行分析：楼盘的地段如何，产品的档次怎么样，开发商的实力以及品牌影响力如何，此楼楼盘在市场上的认可程度高不高，此楼盘的产品在市场上的需求量大不大。其三，楼盘升值潜力分析。此分析基于楼盘分析，但作为投资者，应该考虑未来影响楼盘升值潜力的因素，如在区域内是否会有大动作的市政建设（交通改造、兴建公园、学校、商圈等）。其四，购买单元的分析。在投资房地产时要考虑的因素很多，比如户型是否被广大置业者接受，朝向怎么样，此户型占整体的比例是多少，所处楼层，等等。虽然说这些因素买房自住者也会考虑，但因为好的户型受价格影响大，有些自住者会选择面积相等，但朝向、楼层欠缺的房子。而投资者因为要考虑以后转手的问题，就必须选择容易被置业者接受的户型。

实践证明，好的户型不仅价格上涨得快，出手速度也快。而那些虽然价格便宜但户型不理想的房子在转手的时候就困难一些。

与投资新房相比，二手房在信息的获得上比较难，并且投资的规模也不会很大。正因为在市场上信息不平等，很多置业者对自己的房子能卖多少钱没有一个很准确的看法，这使得很多投资者在投资二手房的时候可以赚取很高的利润。另外，二手房的价格受市场的影响相对比较小，所以二手房的投资空间还是比较大的。在此，我们就二手房的选择也给大家作一个介绍。

其一，信息来源。很多二手房的投资者都在各中介公司有合作得比较好的置业顾问，这些置业顾问会在接到房源信

息后尽快告诉投资者。当然，要想尽快地掌握最有价值的信息，还需要投资者给置业顾问一些甜头。另外，拍卖行、银行也是较好的信息来源。其二，对房源的判断。这就需要投资者对市场有很全面、细致的了解，能知道房源的市场价是多少，有多大的利润空间，并且能判断该盘源在短期内能以多少价卖出。投资者除了要知道怎样获得信息、怎样判断信息外，还需要了解买房、卖房的整个程序，以及需要多少费用，需要花多长的时间。了解了这些，投资者在选择时就能进行更全面的分析。

三、警惕楼市潜在的风险

地方政府视房地产开发商如财神，将这种堆砌钢筋混凝土的产业视为经济支柱，大力扶持；银行信贷闸门宽松，利率优惠；房地产开发自有资金门槛低，与炒房者一样以小投入博大收益，如鱼得水、底气十足…… 房地产开发、信贷、投资等现行政策的叠加效应，在撬动房地产业持续发展的同时，也催生、放大了开发、投资和需求规模，进一步加快了房地产业独大、独热的畸形经济结构的形成，使这一结构潜伏着巨大的风险。

迪拜世界集团偿债危机的硝烟尚未散去。与迪拜相比，尽管我国的金融市场相对封闭、监管较为严格，信用金融不够发达，但房地产开发投资同样呈现出令人担忧的高杠杆化融资态势。中小房地产企业自有资金率一般在20%～30%，其他运营资金主要为银行贷款，特别是2008年以来，贷款政策宽松、利率较低，大大缓解了企业的资金压力。因为依照现有规定，自有资金率达到25%即可预售，一个房地产开发

项目的自有资金率达到20%～30%，整个楼盘即能全面启动。

银行业统计数据也显示了房地产开发投资中的高杠杆化融资态势。2009年前7个月，山东省房地产开发投资资金来源中，银行贷款占比23.4%，同比提高2.2个百分点；自筹资金占比40.8%，同比降低3.3个百分点；其他资金占比35.3%，同比提高1.5个百分点。而仔细分析，所谓的“其他资金”，其主要构成为购房者的定金、预付款和个人按揭贷款，而这部分资金来自银行贷款的比例在60%左右。总体概算，房地产开发资金来源直接或间接来自银行贷款的比例在45%以上，此外还有部分资金来自于民间融资。

近年来，我国房地产价格一路狂飙，从不少中心城市到二三线城市的房地产销售情况来看，明显出现了“外来购买者增多、投资性购房增多”的趋势。而在投资性购房中，依靠“低首付、低利率”实现“杠杆化”融资购房的情况十分突出，潜在风险巨大。

2009年年终，中国楼市再次掀起了一阵量价齐涨的高潮。短短一个月，包括北京、上海、深圳在内的房地产一线城市成交量剧增，成交价格更是大幅上涨。原本传统的年末淡季变成了炙手可热的地产黄金时节。随着一线城市成交量、成交价的不断走高，二三线城市也迎来了一轮上涨高峰。中国楼市在即将跨入2010年门槛时由“火暴”演变成了“疯狂”。对于年末房地产市场的火暴，此前流行的解释是房地产优惠政策到期引发的“末班车”效应。虽然营业税政策到期后购房者的购房成本将有所提升，但从短短一个月内房价的涨幅来看，多涨出来的价格早已大大超过了政策能够给予的优惠。所以，投资者在炒房的同时，应该对风险有所警惕。

第十五章 零和游戏——期货

一、了解期货

期货是理财品种中风险比较高的一个工具。之所以叫做零和游戏，是因为在不考虑交易成本的情况下，赚钱人所赚的钱与亏钱人所亏的钱总量完全相等。虽然期货市场是零和游戏的市场，但这并不意味着期货市场是仅仅提供投机者对赌的市场。当然，期货市场是一个风险的市场，知道期货的人都这么说，做过期货的人也这么说。然而，期货市场既是一个风险管理的市场，又是一个规避风险的市场。当今社会可以用来投资理财的工具确实较少，若投资者能精通某一种理财工具，则你的资产完全有可能不断增值，这对于投资者抵抗通货膨胀来说具有更大的作用。我们通过下页表对投资理财的类型作一个介绍。

各种投资方式对照表

投资类型	储蓄	债券	保险	股票	期货
所需资金	不限	不限	根据具体投保情况而定	100%保证金	5%～10%保证金
获利期限	1～3年	期限可长可短	期限一般较长	期限可长可短	期限可长可短
变现情况	到期到后领用，否则有利息损失	变现不易，提前解约损失重大	变现不易，提前解约损失重大	变现容易，取决于市场价格	变现容易
优点	固定利息收入，资金风险小	短期收益大	买保险以应对未来之需	短期收益更大	短期收益更大，可以短线操作
缺点	失去灵活运用资金的机会	货币贬值损失，报酬少	几乎没有易受人为影响的因素	做行情时可参照物少，容易盲目投资	行情不易掌握，风险较大

一些投资者常犯的错误就是没有对市场进行很好的了解就急于下水尝试，他们从不肯花点时间观察一下市场是如何动作的，然后再就拿钱去冒险。因此，在进入期货市场前，我们要做的就是先学习、后行动。

那么，什么是期货交易呢？所谓期货，一般指期货合约，就是指由期货交易所统一制定的、规定在将来某一特定的时间和地点交割一定数量标的物的标准化合约。其条款一般包括：交易数量和单位条款、质量和等级条款、交割地点条款、交割期条款、最小变动价位条款、涨跌停板幅度条款、最后交易日条款。每种期货合约都有一定的月份限制，到了合约月份的一定日期，就要停止合约的买卖，准备进行实物交割。

期货合约对应的是实物，可以是某种商品，也可以是某些金融工具。

目前，我国的期货交易所有上海、大连和郑州三家，可以进行交易的品种有小麦、白糖、大豆、天然橡胶、铜等。期货大致可以分为两大类：商品期货与金融期货。商品期货的主要品种可以分为农产品期货、金属期货（包括贵金属期货与工业金属期货）、能源期货三大类；金融期货的主要品种可以分为外汇期货、利率期货和股指期货三大类。

期货交易是指交易双方在期货交易所内集中买卖某种特定商品的标准化合约的买卖。期货交易是在现货交易的基础上发展起来的、通过在期货交易所买卖标准化的期货合约而进行的一种有组织的交易方式。在期货市场中，大部分交易者买卖的期货合约在到期前，又以对冲的形式了结。也就是说，买进期货合约的人，在合约到期前又可以将期货合约卖掉；卖出期货合约的人，在合约到期前又可以买进期货合约来平仓。先买后卖或先卖后买都是允许的。一般来说，期货交易中进行实物交割的只是很少量的一部分。期货交易的对象并不是商品（标的物）的实体，而是商品（标的物）的标准化合约。期货合约是期货交易的买卖对象或标的物，是由期货交易所统一制定的、规定在某一特定的时间和地点交割一定数量和质量商品的标准化合约，期货价格则是通过公开竞价而达成的。

期货至少具有下列特点：

第一，双向交易。期货交易可以双向操作，投资者可以先买后卖，也可以先卖后买，这种双向操作简便、灵活，使得期货市场具有很大的吸引力。在股票市场上，投资者只有手里持有某只股票时，才能进行卖出操作，这就使得操作有

局限性，只有在股票价格上涨时才能赚钱。而在期货市场上，投资者不但在市场行情上涨时能赚钱，在价格下跌时也可以赚钱。只要对于未来期货行情判断准确，投资者就有获利的可能性，既可以在对未来行情看涨时买进，又可以在对未来行情看跌时卖空，也即所谓的做空机制。就是说，如果投资者认为未来期货价格会上扬，便可以买入期货合约，若判断正确，价格上涨以后在高价位卖出平仓即可获利；相反，如果投资者认为未来价格会下跌，则可以卖出期货合约，若判断正确，价格下跌以后在低价位买入平仓即可获利。因此，若投资者对未来走势判断正确，通过期货价格上涨或者下跌都可以获利；反之，若投资者对未来走势判断失误，则无论期货价格是涨还是跌都要亏损。

第二，以小博大。期货交易不需要全额支付合约价值的资金，只需要支付一定比例的保证金就可以买卖较大价值的合约。例如，假设期货交易的保证金为10%，投资者只需支付合约价值10%的资金就可以进行交易。这样，投资者就可以控制10倍于所投资金额的合约资产。当然，在收益可能成倍放大的同时，投资者可能承担的损失也是成倍放大的。以小博大使得期货市场的风险和收益都被放大。投资者用很少的资金来操作数倍的合约，这种以小博大的特点也是期货的一个魅力所在。

此外，在期货交易里，我们需要注意到的一点是，期货有交割期。比如你购买的合约是2007年11月小麦的期货合约，那么到了11月，你有两种选择：一种是到期前进行平仓处理；另一种是如果合约到期了还没有进行平仓处理，那么就要进行实物交割。也就是说，你必须要把合约对应的小麦拉回家或者卖出。

期货交易采用每日结算制度，每天闭市后，期货交易所按照当天的结算价格进行结算。如果你账户内的钱不够，那么期货经纪公司会通知你在一定的时间内及时补充资金。如果你没有补充，那么期货交易所会对你的合约进行强行平仓。

期货交易的制度很多，我们只介绍了一些主要的。在认清了期货的一些基本的知识后，我们就可以考虑入市了。完整的期货交易一般可以分为四个过程：开户、下单、结算、交割。

期货的开户手续也很简单：先是选择合适的经纪公司。投资者在经过对比、判断，选定期货经纪公司之后，即可向该期货经纪公司提出委托申请，开立账户。开立账户实质上是投资者（委托人）与期货经纪公司（代理人）之间建立一种法律关系。首先，你将阅读一份“期货风险揭示书”（风险揭示书是标准化的、全国统一的），在完全理解揭示书上的内容后，签上你的姓名。其次，与期货经纪公司签订委托交易协议书，协议书明确规定期货经纪公司与客户之间的权利和义务。你应详细阅读协议书，根据自己的情况，与期货经纪公司作一些特殊的约定。再次，填写“期货交易登记表”，把你的一些基本情况填写在表格上。这张表格将由经纪公司提交给交易所，为你开设一个独一无二的期货交易代码。上述各项手续完成后，期货经纪公司将为你编制一个期货交易账户，填制“账户卡”交给你。最后，缴纳保证金。客户在期货经纪公司签署期货经纪合同之后，应按规定缴纳开户保证金。这样，开户工作就完成了。你需要记住的是，在期货交易中，期货交易账户号码和期货交易代码会经常用到。

下单的程序和股票交易差不多，既可以书面下单，也可以电话下单或者自己在网上进行下单。需要我们注意的是，期货的下单一定要注意交易的方向，因为股票只有买的交易

方向，而在期货交易里，同时存在买和卖双向交易。

结算就是期货交易所按照当日的结算价对合约进行结算，并且及时通知资金不足的客户补充保证金的一项工作。

最后的交割环节并不是所有的客户都需要经历的。如果你在交割日到来前平仓了，那么就不存在这一环节；如果交割日到来时，你手里还持有该合约，那么你就要把与合约对应的商品进行实物的兑现。

在入市交易前，我们需要做一些简单的准备。

第一，心理上的准备。期货价格无时无刻不在波动，自然是判断正确的获利，判断失误的亏损。因此，入市前盈亏上的心理准备是十分必要的。

第二，知识上的准备。期货交易者应掌握期货交易的基本知识和基本技巧，了解所参与交易的商品的交易规律，正确下达交易指令，使自己在期货市场上处于赢家地位。

第三，市场信息上的准备。在期货市场这个完全由供求法则决定的自由竞争的市场上，信息显得异常重要。谁能及时、准确、全面地掌握市场信息，谁就能在竞争激烈的期货交易中获胜。

第四，拟订交易计划。为了将损失控制到最小，使赢利更大，就要有节制地进行交易，入市前有必要拟订一个交易计划，作为参加交易的行为准则。

二、期货交易技巧

按照期货交易者的目的不同，我们可以把期货交易简单地分为两大类：一类是投机交易，主要是以获利为目的；另外一类是套期保值交易，主要是以回避风险为目的。投机交

易是指在期货市场上以获取价差收益为目的的期货交易行为。投机交易的操作方法很简单，就是高买低卖或者高卖低买。投机者根据自己对期货价格走势的判断，作出买进或卖出的决定，如果这种判断与市场价格走势相同，则投机者平仓出局后可获取投机利润；如果判断与价格走势相反，则投机者平仓出局后承担投机损失。由于投机的目的是赚取差价收益，所以，投机者一般只是平仓了结持有的期货合约，而不进行实物交割。由于期货交易具有双向交易的特征，所以期货交易有以下两个操作方法可以获利。

第一，买空投机。

例如，某投机者判断 9 月的大豆价格趋涨，于是买入 20 张合约（每张 10 吨），价格为每吨 2000 元。结果上涨到每吨 2015 元，于是按该价格卖出 20 张合约。获利：（2015 - 2000）×10×20 = 3000（元）。

第二，卖空投机。

例如，某投机者认为 11 月的小麦会从目前的每吨 1200 元下跌，于是卖出 5 张合约（每张 10 吨）。后小麦果然下跌至每吨 1150 元，于是买入 5 张合约。获利：（1200 - 1150）×10×5 = 2500（元）。

投机交易和股票交易的区别，就是多了一个做空的机制。

套期保值（Hedging）又译作“对冲交易”或“海琴”等。它的基本做法就是买进或卖出与现货市场交易数量相当，但交易方向相反的商品期货合约，以期在未来某一时间通过卖出或买进相同的期货合约，对冲平仓，结清期货交易带来的赢利或亏损，以此来补偿或抵消现货市场价格变动所带来的实际价格风险或利益，使交易者的经济收益稳定在一定的水平。按照在期货市场上所持的头寸，套期保值又分为买入

套期保值和卖出套期保值。

买入套期保值（又称多头套期保值）是在期货市场中购入期货，以期货市场的多头来保证现货市场的空头，以规避价格上涨的风险。

例如，某油脂厂 3 月计划两个月后购进 100 吨大豆，当时的现货价为每吨 0.22 万元，5 月期货价为每吨 0.23 万元。该厂担心价格上涨，于是买入 100 吨大豆期货。到了 5 月，现货价果然上涨至每吨 0.24 万元，而期货价为每吨 0.25 万元。该厂于是买入现货，每吨亏损 0.02 万元；同时卖出期货，每吨赢利 0.02 万元。两个市场的盈亏相抵，有效地锁定了成本。

卖出套期保值（又称空头套期保制值）是在期货市场出售期货，以期货市场上的空头来保证现货市场的多头，以规避价格下跌的风险。

例如，5 月供销公司与橡胶轮胎厂签订 8 月销售 100 吨天然橡胶的合同，价格按市价计算，8 月期货价为每吨 1.25 万元。供销公司担心价格下跌，于是卖出 100 吨天然橡胶期货。8 月时，现货价跌至每吨 1.1 万元。该公司卖出现货，每吨亏损 0.1 万元；又按每吨 1.15 万元的价格买进 100 吨的期货，每吨赢利 0.1 万元。两个市场的盈亏相抵，有效地防止了天然橡胶价格下跌的风险。

套期保值是一种很好的回避市场风险的办法，也是期货市场的一个魅力所在。

三、投资期货的一点忠告

期货作为一种应对通货膨胀的理财产品，还未在中国的

市场上被广大投资者所接受。其主要的原因在于它采用的保证金制度具有以小博大的杠杆作用，在获取高收益的同时也会带来高风险。这种高风险在对期货投资不了解的情况下，更是会被无限地放大，最终导致广大投资者对期货投资有着一种恐惧，不愿尝试，甚至不愿去了解。其实，大量统计学数据和相关研究表明，期货的投资品种与股票、债券的相关性较低。在这种前提下，将期货投资纳入投资组合，利用期货双向交易均可获利的特点，将有效地降低在获得同等投资收益率水平下所需要承担的风险。而市场也已经真实反映出在组合中加入5%～10%的期货投资，就能显著地改善组合的收益和风险比例。

同时，我们也要注意，从事期货投资，资金配置应该坚持“八二”原则：80%用于套利交易，捕捉各期货品种的绝佳套利机会，赚取稳定收益；20%用于单边中长线交易，捕捉各品种的单边大趋势，赚取高额回报。自从金融市场出现剧烈震荡以来，这种期货投资的资金配置模式已经向投资者交出了一份完美的答卷。

无论单向的市场出现多大的跌幅，投资者的资金都在以每季度至少3%，超过通货膨胀率50%的速度增长着。同时，由于止损机制被严格地执行，投资者所需要承受的最大风险被牢牢控制在5%～7%。这是股票、债券等传统理财产品在当前市场下所根本无法比拟的，期货投资在双向市场都可以赢利这一特点也被越来越多的投资者了解并接受。期货投资作为应对通货膨胀的一个重要方法，也必然会随着全民理财时代的到来走进千家万户。

第十六章　收　藏

俗话说：乱世藏金，盛世收藏。在通货膨胀预期的背景下，在固定资产投资也泡沫重重之际，许多明智的投资者理所当然地将眼光盯住了艺术品投资市场。而在2008年全球的艺术品市场上却上演了一出难以捉摸的大戏：一方面国外的拍卖市场普遍低迷，大量艺术品流拍的现象层出不穷；另一方面涉及中国的藏品和藏家却依旧坚挺，有些甚至是逆势而上。当2009年更多的人群加入收藏队伍时，我们也要聊聊危机下的收藏了。

一、揭开收藏的“秘密”

尽管许多人说收藏是一种乐趣，但是收藏不可避免地与经济相关联。最为明显的就是，大多数收藏品之所以有那么多人趋之若鹜，主要原因是稀少，正因为稀少，也就变得弥足珍贵。经济学中的稀缺经济学告诉我们，当一件东西变得稀缺时，它的价格就会不断攀升，收藏品也不例外；另外，一般情况下收藏品的供给量是固定的。正是因为这样，许多收藏品的价格高得令普通人咂舌，也令大多数人望而却步，收藏也就因此变成了少数有钱人既追求个人兴趣又有能力玩

得起的一种投资方式。为了向大家展现收藏品的投资“秘密”，我们用古玩收藏与读者最为熟悉的股票作一个相应的比较。

古玩收藏与股票的价值投资有什么关系呢？二者虽属不同领域，却颇有异曲同工之妙。

古玩收藏与股票的价值投资都是一项复杂的、依靠智慧进行投资的活动，集资本、知识与经验于一体，皆能使财富保值、增值。要想成功地收藏和投资，一要货真，二要价实，三要靠时间。

古玩收藏的第一步，也是最重要的一步，就是辨伪，即鉴别藏品是真品还是赝品。收藏者必须具有识货的能力，如果没有过硬的眼力，用古玩界的行话来说，就有可能“打眼”（指判断有误而买了假货）或“吃药”（指买家看走了眼）。而眼力则是靠知识和经验积累所形成的一种判断能力。迄今为止，还无法用完全客观量化的科学方法鉴定一件古玩藏品的真假，而必须靠人的眼力结合主客观方面进行综合判断。

股票虽没有真假之分，但上市公司却有优劣之分。价值投资的第一步，也是最重要的一步，就是判断公司是否具有持续的核心竞争优势，并且赢利能力不断成长。如果不具有识别公司好坏的能力，就要经常“交学费”，就有可能亏损。评价上市公司的优劣、竞争能力的强弱，也同鉴别古玩一样，不能够完全客观量化，而必须从多个方面综合判断。假如两者都能完全科学量化的话，也许古董就不再是古董，股票也不再是股票了。一家具有持久核心竞争优势的“超级明星”企业与一件珍贵的稀世藏品一样，一定具有“不可复制性”与“稀缺性”。

与辨伪一样，对古玩投资者来说，估价也同样重要。不能仅仅因为是真品，就不论贵贱买入。只懂辨伪而不熟悉市场行情，就很可能多花冤枉钱；反之，如果独具慧眼并且具有估价能力，就很可能有“捡漏”的机会——花较少的钱买到贵重的货。“捡漏”是古玩界的行话，意思就是古玩卖家不懂，好东西未被重视，行市也不明，买家花较少的钱买了物超所值的东西，拣了便宜。

股票的价值投资又何尝不是如此？只有公司赢利能力具有确定性时，估值才有意义。仅仅具有持续核心竞争优势，也并不等于一定有投资价值。只有这家公司的市场价格相对于其内在价值大打折扣时，也就是存在“安全边际”时，才是买入的时机。“安全边际”对股票价值投资者而言，就是另一种意义上的“捡漏”。

古玩估价与股票估值一样，既是科学，又是艺术，是科学中的艺术，是艺术中的科学。古玩收藏与股票的价值投资一样，都只青睐有准备的人。

另外，对古玩投资者来说，既然是收藏，那么，时间就是最好的朋友。它一定是着眼于“长线”的，是用时间和知识来换取财富的。对股票的价值投资来说，也是一样，也要靠时间来发现价值——“时间是优秀企业的朋友，是平庸企业的敌人”。从这个意义上说，古玩收藏也是一种价值投资，而股票的价值投资某种程度上也是“企业收藏”。二者都遵循一个共同的公式，即：“良好的心态” + “时间” = “成功”。

二、现代收藏的种类

依据我国及世界的收藏实际情况，收藏被划分成以下几大类：

第一，文物类，包括历史文物、（古人类、生物）化石、古代建筑物实物资料、字画、碑帖、拓本、雕塑、铭刻、舆服、器具、民间艺术品、文具、文娱用品、戏曲道具品、工艺美术品、革命文物及外国文物等。凡现代物品虽不属文物，但可并入上述小类者，均归入此类，下述单列者除外。上述所列项目其中均包涵较多内容，如器具包括金银器、锡铅器、漆器、明器、法器、家具、织物、地毯、钟表、烟壶、扇子等；工艺美术品包括料器、珐琅、紫砂、木雕、牙角、藤竹器、缂丝等，其他亦然。

第二，珠宝、名石和观赏石类，包括珠宝翠钻，各种砚石、印石，以及奇石与观赏石三类，均以自然、未经人工雕琢者为主。

第三，钱币类，包括历代古钱币及现代世界各国货币。

第四，邮票类，包括世界各国邮票及与集邮相关的其他收藏品。

第五，文献类，包括书籍、报刊、档案、照片及影剧说明书、海报等各种文字资料。

第六，票券类，包括印花税票、奖券、门券、商品票券、交通票证、月票花等。

第七，商标类，包括火花、烟标、酒标、糖纸等。

第八，徽章类，包括纪念章、奖章、证章及其他各种徽章。

第九，标本类，包括动物标本、植物标本和矿物标本等。

第十，其他类，凡以上九类均未能包括者列入此类。

三、收藏投资的风险

收藏热潮的涌起和藏品的天价炒作，吸引越来越多的人关注或投身于此。然而，世界上没有免费的午餐，也没有低风险、高收益的投资品种。有一句话不应该忘记：收藏有风险，投资须谨慎。收藏品投资的主要风险有如下几个方面：

真假优劣难以分辨

与其他投资产品不同，收藏品的假货比例非常高，而且极难分辨。收藏界把看走眼收藏了假货称作“吃水”。刚刚介入的投资者呛几口水在所难免，即便是经验丰富的老江湖甚至收藏大家看走眼也不足为怪。尤其现在收藏品价格很高，又缺乏标准化，不法分子的造假动机很强，而且造假的技术也越来越能够乱真，这便更加剧了投资的风险。收购了假货的例子多得不胜枚举，而造成的损失几乎是百分之百的。

除了真假鉴定，对投资者而言，还必须有预见藏品未来升值空间的眼光。收藏品的价值与所处时代的审美观点变迁有很大关系，市场走势和人们的好恶变化很快，现在受到大家追捧、价格一路高涨的东西，将来可能随着潮流的演变而不那么值钱。例如清朝用青金石作为四品官的顶子，于是它的价格自然很高，一个顶子值几百两银子。可是，清王朝覆灭之后，青金石就变得一钱不值，只能作为制作蓝色颜料的原料了。当然，在目前各种藏品均上扬的行情里，这种情况在一定时期内出现的可能性还比较小。

收益高低难以把握

一般来说，投资藏品的风险比证券投资和房地产投资还要高，作为补偿，收藏的投资回报率一般也比这两者高。根据统计，1989—1999 年美国的艺术品平均投资收益率高达 21%，而股票只是 17%，其中有些珍品的回报率就更是高得诱人。

但在一定时期内，收藏品的价格一般比较稳定，它的收益是随着人民生活水准的提高而逐渐提高的，不能抱着暴富的心态从事收藏。有些持有很长时间的艺术品可以卖出天价，但在买入价与卖出价的巨大反差面前，人们往往忽视其中的机会成本和通货膨胀因素。藏品投资的年回报率计算公式是：年回报率＝（卖出价－买入价）÷买入价×（365÷买入到卖出的总天数）×100%。Renoir 的油画《花园》在纽约以 120 万美元拍卖售出，该画的原藏主在 1957 年以 10 万美元将其买入，表面上看似乎大幅升值，实际上如果以复利计算，每年的收益率仅为 8.1%。

更何况，许多时候还会出现收益为负值，造成投资损失的情况。比如吴湖帆的精品力作《峒关蒲雪图》在 1998 年的上海工艺拍卖行曾以 132 万元拍出；1999 年，该作品出现在中国嘉德的秋季拍卖会上，只以 77 万元成交；2000 年，《峒关蒲雪图》出现在北京翰海秋季拍卖会的时候，最终的成交价仅为 66 万元。相关的投资者可以说遭受了惨痛的损失。

急于变现时流动较难

比较各种投资品种，证券由于有常规的流通市场，很容

易变现；房地产的流动性相比就稍微弱一点，而收藏品投资的流动性比房地产投资更弱。收藏品的市场相对于一般的投资品种，市场参与者少，对专业知识、鉴赏能力要求高，受人们的偏好影响很大。当持有者急需现金时，可能不能以合理的价格出售，甚至找不到合适的买方。从流通渠道来看，主要通过画廊、古玩店、博览会、拍卖会和私下交易变现，这其中只有拍卖会属于比较活跃、规范、大型的渠道，而大型拍卖会只在春秋两季举行，且进入拍卖会的艺术品需要一定的档次。这样一旦当投资者出现现金危机时，大多数艺术品很难完全按照其预期价格在市场中变现。

现藏于故宫博物院的稀世国宝《平复帖》，早年曾被画家溥儒收藏。民国时期，著名收藏家张伯驹曾开价 20 万大洋欲购藏此帖，被溥儒婉言拒绝。后来，溥儒却因为母亲突然病故急需钱用来安葬，以 4 万现洋卖给张伯驹。造成这一状况主要是在需要的时候，接手的买家难找。这就是流动性风险的典型案例。

保存不善有损于价值

收藏品有实物类型的，实物的磨损就是价值的削减，因此，收藏品的妥善保管就显得十分重要。收藏者要谨防破损、污渍、受潮、发霉、生锈，也不能随意加工，否则收藏品可能会价值大跌，甚至一文不值。此外，在鉴赏、摆放、运输过程中，也需要格外小心。

收藏品的理想储存环境因材料及种类不同而不同，对于温度和湿度等都有一定的要求。一般来说，金属类藏品需要注意防锈和防氧化；字画、书籍等需要防变色、防腐蚀、防虫以及防霉；漆器、木器、乐器等则需要防干燥以及防裂痕。

这不仅需要对其精心护理，还需要购买一些专门设备来把安全性风险最小化。

四、通货膨胀越厉害越保值

金融危机的爆发不会使艺术品的收藏受到太大的影响。在经济危机、金融海啸这些最近频频出现的令人心惊肉跳的词语面前，大部分珍品收藏家们表现得很镇定。那些持有艺术精品的人，不仅自己的投资没有缩水，有的还逆势上扬。他们认为，对于真正的收藏者来说，经济危机才正是买进艺术精品的最好时机。正如《五星饭店》的作者海岩在一次访谈中大呼庆幸："几年前因为把投资主题放在收藏明清代黄花梨木家具，现在才得以规避股市的风险。"连续涨了30年从未掉价的钻石，2008年仅微跌5%；古董钟表顶多也就是交易量下滑。相比于跌掉九成的美国金融股、高峰时跌去六成的美国房产股、跌去近七成的沪深股市，收藏家们都该笑开怀。

尽管有行家质疑2008年秋冬季的各大拍卖会和艺术品博览会成交量严重下滑，但老东西、抗跌精品依然熠熠发光，受伤有限。比如佳士得秋拍，就是很好的例子，虽然成交金额只有11亿港元，成交率70%，可是抗跌精品表现出众。虽然曾以7536万港元在佳士得春拍中创下中国当代艺术世界拍卖纪录的曾梵志的作品遭遇流拍，张晓刚的《血缘：大家庭之二》以2642万港元成交，低于之前的预估，但仍然亮眼。北京2008年秋拍会上，日本珍藏重要明清陶瓷专场100%成交，总成交额3.92亿元。此外，在2008年伦敦艺术博览会上，成交量比上一年还要高，经济危机给艺术品市场带来了

正面影响。人们都把钱从银行和股票市场中提出来，投到艺术品和奢侈品市场中。这一次金融危机带来的另一个好处，是让很多人意识到，钱并不能操纵一切东西，艺术品还是应当回归到与其本身价值相符的位置。随着中国在国际事务中地位的凸现，中华文化艺术也将焕发新的魅力和影响力，必将受到世界的推崇，艺术品收藏也将迎来新的春天。在现金为王的意识下，我们要留意那些最具特色的收藏品，择机购藏精品、真品，剩下的事就是等待超值的回报。

事实上，我们会看到，发生经济危机的那些领域，往往是由发展过度或者市场结构发展不平衡所造成的。这类经济架构，往往是经济极度繁荣，发展不平衡所导致的。经济越繁荣，泡沫产生的可能性越大，不平衡的经济结构最终导致某个环节泡沫破裂而产生连锁反应，影响整个经济体而产生了危机。经济危机产生之前，艺术品收藏市场也会有繁荣的景象，包含利益双方的博弈，艺术品收藏价格节节攀升，对于投资艺术品的收藏者来说，并不是收藏的最佳时机。市场经济的繁荣促进了艺术品交易的繁荣，但对于艺术品收藏者而言却不是最好的收藏时机；而经济低迷的时候，由于艺术品交易量萎缩，价格会逐步走低，以往 1 万元的艺术品，在经济危机下会大大低于这个价位。这样你就可以以更低的价格买到一些在正常经济环境下得不到的藏品。经济危机其实是艺术品收藏家可以看准买入的最佳时机，这其实就相当于股市中的“抄底”。如果您是收藏爱好者，在通货膨胀的背景下，手里有一定的闲钱，不妨投资艺术品收藏市场。

附录 理财典型案例

一、年轻准夫妻如何理财防通胀

年轻准夫妻是现代年轻人的主要代表，而且往往是“月光族”。因此，年轻准夫妻如何理财防通胀就显得尤为重要。下面我们以一对准夫妻的理财计划来看看如何抵御通货膨胀的侵蚀。

男的叫李军，28岁，女的叫王丽，26岁，他们是令周围的同学颇为羡慕的一对。他们是大学同学，毕业后拥有一份高薪的工作，毕业几年后已经小有储蓄。这是两位尚未领取结婚证的年轻准夫妻，一起在北京工作和生活，日常生活中所有的资产已经放在了一起。他们刚刚买了房子，未来几年中，他们想要举办婚礼、度蜜月、买车，而且还要继续供一个弟弟完成学业，两人的资产和收入该如何打理才能对抗通货膨胀呢？

李军和王丽同毕业于北京某知名高校。两人平均每个月的税后收入相加可达到15000元，且有完整的“五险一金”，两人的年终奖金相加约2万元。工作之后，两人考虑到以后的婚姻，决定在工作地北京购买房子。两人单位的福利待遇

较好，交通费、通信费以及伙食费都是由单位实报实销，因此李军和王丽的日常生活消费开支实际并不高，每个月2000元即可。但是考虑到缓解工作压力，小两口决定每年年假都安排一次国内长途旅行，预计消费5000元。

鉴于工作压力，李军给自己买了一份寿险，每年缴纳保费6000元；给王丽购买了一份储蓄分红型的重大疾病险种，保险额度为10万元，每年缴费约2800元，保期为30年。李军是家中的独生子，父母年纪不大，均有稳定的工作和不菲的收入，不需要李军在金钱上给他们支持。家乡在农村的王丽是家中的长女，父母年纪不大，有一些收入，但王丽有一个正在上大学二年级的弟弟，弟弟的学费均需要王丽负担，每年总计需要13000元。此外，逢年过节王丽会给家中长辈一些钱表达孝心，这笔消费约为5000元。

李军和王丽恋爱多年，感情稳定，结婚对于他们来说，不过是一个证件而已，对此两人并不着急。当前，他们考虑更多的是如何通过财务打理，以期更快更好地提高生活质量，实现抵御通货膨胀的理财目标。近两年，他们需要购买一部车，价格预算在10万元左右，他们打算选择一次性付清。两人打算2年后结婚，婚礼以及度蜜月等消费估计在8万元左右。

保险方面一直都是王丽担心的问题。李军的父母有单位购买的常规保险以及自购的一些商业保险，但是没有正式工作单位的王丽双亲，一直没有保险保障，随着年纪增大，毛病也逐渐增多，以后的医疗花费估计也是一笔不小的开支。那么，如何理财才能更适合他们呢？

月度基本情况：每月收入15000元，每月支出基本生活开销2000元，偿还房贷2130元。每月收入合计15000元，支出合计4130元，结余（月收入减去月支出）10870元。

年度性收支状况：月工资收入1.5万元，年终奖金2万元，每月基本开支2000元、偿还房贷2130元、弟弟学费1.3万元，旅行0.5万元，保险费0.88万元，孝敬父母0.5万元。收入合计为：$1.5\times12+2=20$万元，支出合计为：$0.213\times12+1.3+0.5+0.88+0.5+0.2\times12=8.136$万元，年度结余11.864万元。

家庭资产负债状况：活期存款6万元，定期5万元，股票市值4万元，房产（自住）约30万元，房屋贷款余额20万元。资产合计约45万元，负债合计20万元，净值（资产减去负债）25万元。

专家建议一：资产配置建议

1. 家庭财务状况分析。

（1）收支情况分析。

这是一个比较典型的年轻人代表，李军和王丽年度的收入总计达到了20万元，我们可以明显看到的一点是所有的收入均来自于工资性收入，包括薪金和年终奖，对于一对年轻人来说，这样的收入水平算是不错的。但是，收入来源比较单一，被动性收入为零。可见，迫切需要改善的一点是，提高被动性收入的比例，主要通过改善投资状况来实现。

两人的支出状况为年度支出共计8.136万元左右，主要为基本生活开支、偿还房贷的支出和支持女方弟弟读书的支出，自身消费性支出只有1万元，比例比较小。基本上说，年度结余比例达到了59%，这在同龄人盛行“月光”和“年清”的现象中还是不多见的，支出比例控制得比较理想。

（2）家庭资产情况分析。

李军和王丽家庭总资产 45 万元，其中投资资产 4 万元，房产 30 万元，定期储蓄 5 万元，活期储蓄 6 万元。

同样的，通过计算投资资产的比重可以看到，其投资性资产占家庭总资产比重仅为 8.89%，投资资产比重不高。家庭负债为 20 万元，资产负债比例为 20 ÷ 45 × 100% = 44%，稍低于 50% 的安全线，负债比例基本合适。从他们的收入状况来看，每月收入为 15000 元，月均还款为 2130 元，现有负债并未对生活造成太大的影响。

（3）理财目标分析。

按照目前李军和王丽的规划，主要面对的理财生活计划和目标有：购置一部车价为 10 万元的家庭用车；为弟弟提供学费支持，时间为两年，每年的花费在 1.3 万元；两年后完婚，婚礼及蜜月的费用在 8 万元左右。

从目前李军和王丽的资产状况来看，他们拥有的储蓄为 11 万元左右，同时完成上述目标还有一定的难度，但是他们目前的收入水平还不错，且处于职场刚刚起步的阶段，还有很大的上升潜力，因此需要将现在与未来的资金进行筹划。

来自农村的王丽承担起了家庭中的经济重担，这一点难能可贵。不过对于这样一个年轻的家庭来说，承担弟弟的学费是一项不小的负担，而且学费还可能需要一次性支付。我们的建议是，王丽可以帮助弟弟申请学校的国家助学贷款，一方面国家助学贷款可以享受到多重的政策优惠，如利息补贴等；另一方面也可以减轻自己的负担，不会对目前和将来的生活造成太大的影响。也许，这种观念不一定能为很多人接受，事实上，“会借钱”是一门学问，合适的融资对于打理资产有着很大的帮助，对于弟弟今后的成长也有着很大的帮助。王丽现在的收入和结余状况都不错，可以按月补贴给

弟弟一些生活费用，同样也减轻了父母的负担。

李军有买车的计划，从他们目前的资产状况来看，一下子拿出买车的钱是可能的，但会耗尽目前所有的储蓄，因此建议他们在明年下半年再来实施这一计划。目前他们的储蓄有 11 万元，以每年积累 10 万元以上的速度，明年下半年的储蓄可以达到 20 多万元。购置一部车价为 10 万元的汽车，加上购置税、保险和其他费用，总体的花销在 12 万元左右，在预算时需要留有一定余地。

两年后结婚，从资金安排上也基本可行。需要提醒的是，由于要为王丽的弟弟提供一定的生活补助，大约为 600 元/月，买车之后养车的花销有所上升，每月至少需要1000～2000 元的费用，因此他们的结余会有所下降。以目前的收入水平、花销状况，加上买车以及上述增加的花销，后年年末他们可支配的资金（买车后）大约可以达到 10 万元，完成 8 万元的婚礼预算不成问题。

2. 具体理财建议。

增加金融投资。目前这对年轻人主要的投资方式是“储蓄 + 股票”，但我们的建议是可以稍作调整。一方面是降低活期存款的比例，6 万元的活期存款对于他们来说没有充分发挥资金的作用，可以考虑将活期存款保持在 25000 元的水平，大约是 6 个月的月度花销。其余的资金加上活期储蓄可以考虑以 1∶1 的比例分别投资于债券基金和股票型基金中。对于年轻的家庭来说，可以在自己能够承受的范围内冒一些投资的风险。

另一方面，目前两人的月结余超过 1 万元，主要是以储蓄的方式进行管理。可以考虑适当投入一些资金，参加一些基金定投的计划，以提高投资资产的比例。

专家建议二：保险建议

李军和王丽凭借自身的能力，在参加工作一年半内便有了不错的职业、可观的收入，同时买房、投保、购车等理财规划正在逐步实现，的确让人羡慕。以下就保险方面对李军和王丽作一些分析和建议。

在理财金字塔中，保险始终处于基石的关键位置，也就是说，李军和王丽的理财顺序应该是：先避险、后理财。无论是购车还是结婚，或是王丽弟弟的读书援助，首要前提是他们两人的人身安全有所保障。因为在生活中，人人面临着很多的风险，生老病死可能使理财的目的无法达到，所以参加保险可以确保无论发生什么风险，都能使家庭理财目标得以实现，在理财的过程中，给人力资本加上一个保护伞，保护理财计划顺利进行。

在家庭成员保障重点方面，一定要突出将家庭经济支柱列在首位，也就是说将李军和王丽都列为保障的重点对象，其次才是王丽的父母。这是因为家庭经济支柱发生意外，中断主要收入来源，给家庭财务带来的危害是最大的。

李军和王丽已有一定的保险意识，分别投保了寿险和重大疾病保险。根据他们俩的资产负债表来看，保险责任尚未完整、保险额度尚有缺口，因为人生三大风险——意外、伤残和疾病，是最难预知和控制的，所以建议从“保险金三角”（意外险、寿险、健康险）入手予以完善，人身险的保额可根据各自年收入的 5 ~ 10 倍予以配置，李军的保额还需加上房贷的额度，以及购车后的驾驶风险额度。同时，两人每年都计划进行一次国内长途旅行，需要旅游保险作防范。

王丽父母的保险，可侧重于意外险和健康险，以缓解年

龄上升带来的意外和医疗压力，而其他的保险产品，已不具备最佳投保年龄，所以不作重点考虑。

在保险产品形态上，可采用消费型和返还型（含增额分红型）产品相结合的原则，意外险、医疗险、女性疾病保险和定期寿险可选择消费型产品，终身寿险和重大疾病保险组合可采用返还型（含增额分红型）产品，以减弱因通货膨胀导致的保单贬值。整体保费的支出，要考虑到购车、结婚等理财规划大额开支的因素，尽量控制在各自年收入的10%以内。

另外要指出，由于双方还没有登记结婚，在投保时不要成为对方的投保人、被保险人和身故受益人，以免产生法律纠纷，可以自己为自己投保，然后以父母为受益人。领取结婚证后，身故受益人可在日后申请变更。

经过这些措施，这对准夫妇不但可以应对通货膨胀，还可以增加自己的财富。

二、有房族如何让投资跑赢CPI

王女士2009年28岁，因儿子刚出生，目前在家未工作(期间无任何收入)。丈夫30岁，在一家外企做人事工作，月收入5000元，单位缴纳养老保险和医疗保险。夫妻二人在北京二环内有一套90平方米住房，目前还有18万元房贷未还，家庭日常生活开支每月大约2500元（包括每月近千元的按揭费用），而且两人都没买任何商业保险。目前，该家庭有10万元存款，王女士准备全都投资股市，另外，还有3万美元外汇存款。随着CPI指数的提高，王女士觉得应该为存款寻找一个更好的出路。那么，她该怎样做呢？

家庭财务及存在问题分析：可以看出，王女士的家庭财务状况较好，但其家庭财务规划却存在一定的问题，首先，没有为儿子制订详细的抚育经费计划和保险计划。其次，保险问题突出，王女士本人未参加任何保险，其丈夫已有保障。再次，除房产和银行存款外无其他类型的投资，形式过于单一。最后，王女士对10万元人民币和3万美元的银行存款缺乏计划性。

鉴于王女士目前的实际情况，为化解加息和通货膨胀带来的压力，合理规划王女士的家庭财产，现提出如下建议：

1. 家庭收入结余及新生婴儿抚育、教育经费筹划。

王女士家庭的固定支出为2500元，建议首先将其中800元用于活期储蓄，解决生活需要。其次，每月拿出500元人民币做基金定投业务（红利再投资），用于安排孩子的抚育费用和教育经费，以上证综指年10.22%的收益率计算，7年后期末总资产为61506元，该笔资金完全可以满足小孩上小学和参加一些课外培训费用。再次，拿出500元用于为家庭成员购买各类保险，剩余的700元作基金定投业务，用于养老投资和将来家庭其他重大支出的储备金。

2. 家庭保险计划。

王女士的丈夫作为家庭的支柱，建议给丈夫另购买适量的主险和附加险，从而为重大疾病、人身意外伤害提供有力的保障。王女士本人，也应购买重大疾病医疗保险和养老保险。应该给孩子购买教育保险，满足将来孩子的继续教育需求。但前提是，王女士的丈夫所购买的保额应该占家庭保额的大部分，其次，其家庭年保费支出不应超过家庭总收入的10%。

3. 家庭的投资筹划。

王女士计划把10万元的家庭存款全部投资于股市这一做法是不可取的。但根据王女士的想法，可以看出王女士是一个风险偏好性的投资者，基于这一判断，对于王女士10万元存款作如下建议：

拿出1万元作为家庭的紧急支出储备，拿出6万元用于投资股市，以获得较高的投资回报，另外的3万元用于购买基金产品以保持稳定的增值。

对于王女士3万美元的存款作如下建议：

将1万美元用来购买银行推出的外币型理财产品，同时保障作为外企员工的丈夫的美元支出需要。在人民币持续升值的前提下，建议将其余的2万美元兑换成人民币，按照股市60%、基金40%的比例进行投资配置。

理财总结：任何一个家庭理财规划得以实现的前提是持续不断地坚持自己的投资计划，从而使货币的“复利”功能最大化，保证投资人实现自己人生的阶段性目标。以上建议的目的就是使家庭的收支有一个长远安排，解决子女抚养及教育，从而使该家庭享受到稳定而持续上升的物质生活。

三、三口小康之家怎样跑赢CPI

CPI持续上涨，三口小康之家，如何理财才能跑赢CPI呢？光大银行武汉分行金融理财师张琴就读者赵先生一家的财务状况进行了细致分析，规划出了一份三口之家跑赢CPI的理财全攻略。

财务状况

2009年，赵先生一家三口，儿子3岁，现居住的房子面积为100平方米，位于武汉市的郊区，没有房贷。现有一年期定期存款10万元，2009年购买了三年期国债5万元，活期存款5万元，股票投资15万元。夫妻月收入7000元，一家三口月生活支出3000元左右。目前夫妻二人参加了社会保险，给儿子办了一份健康险。

理财目标

1. 提高目前资产的收益率，至少能跑赢CPI。

2. 住房计划：希望购置一套160平方米的住房，以改善现有的住房条件。

3. 子女教育金计划。

4. 养老计划：夫妇俩希望退休后维持小康生活，赵先生60岁退休后能够有100万元退休基金。

理财建议

1. 建立适量的家庭应急基金：

基于赵先生家每月支出3000元，因此建议拿出1万元作为家庭应急资金。

2. 保险规划：

一般情况下家庭保费支出的恰当比例为年收入的10%。赵先生家庭每年收入8.4万元，因此可以考虑用8400元购买商业保险，可以适当配置医疗保险用以弥补现有的医疗保险的不足。

3. 投资规划：

（1）住房投资规划：建议赵先生购买面积140平方米的住房，这个面积对于一个三口之家来说，已经足够，另外一个考虑是在以后的换房交易中容易成交。

（2）建议提前支取5万元国债，进行其他理财投资。

（3）建议15万元股票暂时不动，如果为蓝筹股可长期持有。

（4）理财产品及基金投资：5万元活期存款除去紧急备用基金还剩下4万元，建议购买QDII型理财产品，投资国内基金市场，该笔收益可以作为小孩的高等教育费用及出国费用。

（5）基金定投：每月用1000元进行基金定期定额投资，以12%的预期收益率计算，20年后便可以得到100多万元，该笔资金可作为退休养老金。

四、老人理财法：用多元化投资来战胜通胀

李教授，60岁，退休后被某高校返聘。其妻55岁，刚退休。其子26岁，大学毕业后工作3年，未婚。李教授家庭年收入5.4万元，其中夫妻退休金月收入3000元，学校返聘工资每月1500元，现有银行存款50万元，夫妻均有社会养老保险、医疗保险，现有价值60万元的四室两厅住房。

李教授不喜欢投资股市、期货等高风险工具，但又想通过投资实现自己的理财目标：儿子结婚时赠送30万元的购房款；在未来20年内退休生活能保持现有水平；建立备用基金20万元，作为将来的医疗开支或20年后作为礼物送给儿子的下一代作教育基金。

理财诊断：要战胜通胀，必须理财，使资产增值

交行郑州分行建文支行理财师王晓君对李教授的资产分析如下：目前李教授的家庭净资产为110万元，其中现金与现金等价物50万元，房屋不动产60万元，分别占比为45.5%和54.5%，固定资产占比较大，金融资产过于单一。考虑到通货膨胀的因素，建议考虑其他投资渠道，保持资产增值。

理财方案：在防范风险前提下，作多元化投资

老年人的风险承受能力随着收入的减少而降低，同时，健康因素会导致不断增加支出。想退休后维持原有生活水准，要及早进行养老规划。所以，王晓君认为，老年人进行投资理财首先要防范风险，然后再去追求收益。

1. 现金规划建议：

随着年龄的增长，老人医疗费用的开支会逐步上升，根据李教授家庭开支情况，应预留2万元左右的应急备用金。应急备用金可以考虑银行存款、货币市场基金或短期银行理财产品，以求取得比较高的资金变现性和近期收益。尤其是货币市场基金，“零认购费率”和“零赎回费率”能降低投资的成本，提供更多的短线收益空间及良好的流动性。

2. 风险管理建议：

从控制风险的角度讲，老年人首先应考虑保险产品。但在保险业界，可供老年人选择的种类非常有限。国内保险公司一般都把投保年龄限制在65周岁以下，而重大疾病险则将年龄限制在60周岁以下。从目前市场上的老年险产品看，李教授可以考虑投保一种专为老年人设计的意外伤害保险；另

外，还可考虑投保专业健康保险，中国人保推出有老年人长期护理保险，以避免日后的健康风险。保险费预算为1万元左右。

3. 投资规划建议：

在进行了家庭应急备用金和保险覆盖后，建议李教授将剩余银行存款作多元化投资。其中10万元买稳定收益类产品，如考虑凭证式或电子式国债，或者1年以上的银行理财产品；剩余60%～70%的金融资产参与浮动收益的投资组合，其中20%左右即10万元配置于成长性资产，可以考虑选择中长期增值潜力较高的混合型或股票型基金。另除2万元应急备用金外，其余28万元配置于稳定性资产，其中以债券基金、保本型基金为主。对于现有储蓄结余，在留足约3个月的紧急预备金后，也可以按上述比例整笔投资到股票型基金、债券型基金（或国债）和货币市场基金（或银行存款）中。同时，如果儿子结婚后单独居住，也可考虑换屋计划，即将目前的四室两厅的房子出售，购买两室一厅的房屋居住，并将结余部分的资金按上述比例进行投资。

五、单亲家庭如何理财防通胀

王女士2009年34岁，与丈夫离婚后与5岁的女儿在一起生活。王女士自己开公司，每年能有10万元的收入。离婚后，丈夫每月还给孩子1500元的生活费。女儿正在上幼儿园，每月支出2500元，而王女士的生活费在2000元/月左右，其中包括赡养父母的费用500元/月。

王女士有一套价值30万元的房子，银行定期存款15万元，不过有6万元无息亲属借贷，约定2012年年底还清。

王女士平时工作较忙，没有时间打理资金，但是不断上涨的通货膨胀在不断地侵蚀王女士的财富，因此，王女士对如何让闲置资金流动起来，“钱生钱”，以及如何通过理财保障孩子未来的教育等问题相当头疼。

其实，通过财务分析，我们能得知，王女士家庭财务状况良好，收入支出比例合理，结余比率（结余比率是指一年内结余与收入的比值）较高，但过于注重流动性，而投资结构不尽合理，可增加投资，进一步利用杠杆效应提高资产的整体收益性。

王女士作为单亲家庭中的唯一的经济支柱，承担着较大压力。家庭理财防通胀规划建议以安全稳健为重，首先要保障家庭的财务安全。所谓财务安全，是指无论在何种特殊时期，家庭都不会因缺钱而无法维持正常的物质生活水平，陷入财务危机中。

王女士今年 34 岁，正处于事业发展的黄金阶段，预期收入会有稳定的增长。同时，随着孩子长大入学和父母年迈，现有支出也会增加。随着王女士年龄的增长，保健和医疗费用也会有所增加。另外，3 年后，6 万元借贷也需还清，这是一笔较大的支出，届时需做好准备。

理财建议

1. 留足家庭紧急备用金。

建议王女士首先留足家庭紧急备用金。家庭紧急备用金是指保障家庭一段时间内必要的生活支出的费用，额度一般为家庭月支出的 3～6 倍。考虑到单亲家庭抗风险能力相对较弱，且王女士的保险不足，应多准备一些紧急备用金。王

女士当前月支出为4500元，建议留出月支出的8倍即36000元作为紧急备用金。

2. 做好教育规划，让孩子上学无忧。

孩子从小学到大学毕业，教育费用远不是学费那么简单，还包括交通、生活、衣着、教育费、娱乐费和医疗费用等，再考虑到通货膨胀的因素，教育费用将是一笔不菲的支出。一般情况下，孩子的教育资金应本着“宽备窄用”的原则，筹集时宽松些，以防有超计划的需要。

王女士可从现在开始为女儿做教育规划，以后经济负担和风险就会较低。建议利用定期定额计划进行强制储蓄和投资，积累女儿的教育资金。当前适合王女士的教育规划工具有两种——教育保险和投资基金，建议王女士两种工具组合使用。

王女士可以根据女儿的需要，适量购买教育保险。一般情况下，教育保险的回报率按银行存款利率设定，回报并不高，但教育保险有两个优势是存款和其他投资没有的：教育保险具有强制储蓄功能，保障性强；投保人出意外，保费可豁免。所谓保费豁免，是指保单的投保人如果不幸身故或者因严重伤残而丧失缴保费的能力，保险公司将免去其以后要缴的保费，而领保险金的人却可以领到与正常缴费一样的保险金，这一条款对孩子来说非常重要。这也是教育保险与银行存款比最大的优点。

因教育保险回报率不高，应适量购买，能满足最基本需求就可。

同时，王女士还可以通过投资基金来为女儿储备教育费用。建议王女士每月投资一笔钱，定期定额购买一个投资组合，建议这个投资组合中1/3为债券型基金、1/3为平衡型

基金、1/3 为股票型基金。这样一个稳健型的组合既可以规避风险，又能获得相对较高的收益。

3．适当投资，让闲散资金动起来。

当前王女士没有任何投资，只有 15 万元定期存款，建议王女士降低存款比例，再辅以其他较具成长潜力的投资工具作为投资方式。由于通货膨胀的侵蚀，仅存为定期存款可能会出现实际负收益，且不利于资产的增长，需适当进行投资，在承担适当风险的情况下获取更高收益。考虑到王女士的家庭是单亲家庭，建议投资采用稳健保守的风格。

首先，建议王女士将 20% 的资金继续保持为定期存款。进行定期存款也有一定的技巧，从定期存款的期限来看，宜选择短期。一方面，存款期限长短对利率的影响已经不大；另一方面，如今存款利率较低，一般来说，这种状况不可能持续几年，一旦经济形势好转，走出通货紧缩，利率必然相应调高。

其次，建议王女士将 30% 的资金用于购买国债。

最后，建议王女士将另外 50% 的资金建立一个基金投资组合。王女士有自己的生意，精力和现状都不适宜直接参与股市，也很难从中获利，因此建议王女士通过购买基金进行间接投资。

王女士基金投资部分建议进行如下分配：高风险高收益的股票型基金占总投资的 30%，平衡型基金占 30%，债券型基金占 40%。根据上述投资安排，资产分散投入到不同的投资产品中，加权平均后将会获得 6% ~ 12% 的预期年收益，且有一定的保障性。

基金投资建议以基金定投的方式进行定期定额投入，以降低平均成本，避免系统性风险。

4．及早规划养老，轻松攒够百万养老金。

王女士的理财防通胀目标中并没有考虑养老资金准备。在很多人看来养老似乎是很遥远的事，与自己无关。由于王女士职业的不稳定性以及单亲家庭的特殊性，养老必须早作打算。王女士现在34岁，离退休还有21年，如果从现在起早作打算，及早筹备，老年生活会安逸富足。

王女士家庭当前每年有64000元的结余，这部分资金除了给孩子进行教育规划外，可将一部分用于养老资金积累。

建议王女士通过基金定投方式建立个人养老保障，专设一个养老基金账户，从现在起，每月投入一定数额资金购买基金，一直坚持到55岁退休。基金投资是有一定的风险，但采用定投方式连续投资5年以上就几乎没有风险了。

假设王女士每月投资1000元购买基金，基金年收益为8%，坚持21年，通过计算，届时将有65.04万元用于养老。如果基金年收益为12%，则在王女士55岁时，可积累112.74万元。

5. 购买足够保险，为自己和孩子撑起保护伞。

王女士作为单亲家庭中的主要经济来源与唯一支柱，所承担的家庭责任很大。王女士没有社保，也没有任何商业保险，如果发生事故或丧失劳动能力，很容易让家庭经济陷入危机之中，对女儿的影响将是巨大的。因此，建议王女士适当购买保险，构建家庭的保护伞。

第一，建议王女士购买一份保障18年或以上，赔偿金额在30万元左右的消费型定期寿险；第二，购买一份保额在30万元左右的意外伤害险；第三，建议王女士购买社会保险；第四，建议王女士为自己购买重大疾病保险和住院津贴险；第五，为孩子购买意外险及医疗保险。另外，对于生意上的财产也建议购买适当的财产保险。

新书推介：

《滚动交易理论》丛书

作者简介：

罗振文，滚动交易理论创始人、滚动投资机构创办人、网校中国交易学院创建人、操盘街网站首席运营官、操盘学研究会秘书长、知名财经作家、著名证券培训讲师、资深理财策略师。股海沉浮十五年以上，具有丰富的实战经验，对证券投资和投机有深刻的认识和独到的见解，尤其是在滚动投资和趋势投机方面有极高的造诣。

个人投资理念是：趋势为王、安全第一、稳健赢利、长久生存。主要著述有《滚动交易理论》丛书等21部。竭诚欢迎广大投资者切磋交流。

联系办法：

手机：13719061809
邮箱：caopanxue@qq.com
网址：www.caopanxue.com

请登陆网址：www.caopanxue.com，
您有机会
1.免费参加培训课程；
2.与作者面对面沟通交流

邮购及预订电话：
13631306025

新书推介：

《投资入门两星期系列》丛书

请登陆网址：www.caopanxue.com，您有机会

1.免费参加培训课程；

2.与作者面对面沟通交流

邮购及预订电话：

13631306025